건축 생산방식의 진화, 모듈러 건축

유일한
대한건설정책연구원

1장 모듈러 건축이란?	6
2장 사람들은 왜 모듈러에 많은 관심을 갖는가?	14
3장 건설산업과 건설현장의 변화	28

4장 모듈러 건축 관련 동향	**48**
5장 모듈러 건축의 장점과 단점	**74**
6장 모듈러 건축이 나아가야 할 길	**84**
각주	**96**
참고문헌	**97**

권2. 건축 생산방식의 진화, 모듈러 건축

모듈러 건축이란?

1

모듈러 건축의 개념과 유래

4차 산업혁명 시대의 자동화된 미래 건축 생산방식으로 각광받는 모듈러Modular 기술 및 공법은 전 세계에서 매우 다양하면서 유사한 용어로 불리고 있다. 일반적으로 모듈러 건축은 공장에서 제작한 구조·마감·설비 등이 갖추어진 3차원 단위Unit 모듈을 현장으로 운송하여 빠른 시간에 조립·완성하는 프리패브 건축 시스템Prefabricated Building System으로 정의되고 있다.

전 세계적으로 널리 통용되는 모듈러 건축에 관한 용어가 Modular Construction, Modular Building이다. 그리고 모듈러 건축은 제조업 방식이 접목 또는 활용된다는 측면에서 Manufactured Construction, Industrialized Building 등으로도 불린다. 특정 국가에서 많이 쓰이거나 제도화된 용어들도 있다. 미국과 캐나다는 기존의 현장생산 방식과 모듈러 방식을 혼합해 건설한 주택을 하이브리드 홈Hybrid Home으로 부르고 있고, 일본의 유명한 자동차 회사는 자동화된 자동차 생산설비를 접목하여 생산하는 맞춤형 주택을 도요타 홈(Toyota Home 또는 Toyota Housing)으로 부르기도 한다. 영국에서는 모듈러를 현대화된 건축공법이라는 의미에서 MMCModern Methods of Construction로 부르기도 하고, 자동화된 공장생산 방식을 매우 강력하게 지향하는 싱가포르는 PPVCPrefabricated Prefinished Volumetric Construction라는 제도를 만들어 운영하고 있다. 최근에는 이러한 모듈러 건축을 보다 광의적인 개념에서 '탈현장시공' 또는 '현장 외 시공'이라는 사전제작 방식의 의미를 강조하여 OSCOff-Site Construction라는 용어로 부르기도 한다. 이처럼 세계 각국에서 다양한 용어를 만들어 쓰는 것만 보아도 모듈러 건축이 건설산업에서 차지하는 인기가 매우 높음을 유추해 볼 수 있다.

그렇지만 우리나라는 아직 모듈러 건축에 제대로 된 이름을 지어주지 못하고 있는 실정이다. 우리나라에 모듈러 건축이 들어온 것은 비교적 오래되었다. 1기 신도시 건설이 한창이던 1992년 빠른 주택 공급을 위해 PCPrecast Concrete 공법을 아파트 건설에 대규모로 도입한 것이 그 유래 중 하나이다. 이후 2000년대 들어 학교(신기초등학교) 증축공사를 시작으로 군 막사 공사를 비롯하여 모듈러를 적용한 건축물의 용도가 다양해지면서 경량철골 부재를 주로 사용하는 유닛 모듈러 기술이 보편화되기 시작하였다.

그러나 아직까지 우리나라의 제도가 인정하는 공식 이름은 「주택법」에서 규정하고 있는 '공업화 주택'뿐이다. 공업화 주택은 주요 구조부의 전부 또는 일부를 국토교통부가 정하는 성능 및 생산기준에 따라 모듈러 등 공업화 공법으로 건설한 주택을 의미한다. 세부 사항인 공업화 주택 인정은 「주택건설기준 등에 관한 규정」에서 남고 있고, 성능 및 생산기준은 「주택건설기준 등에 관한 규칙」에서 다루고 있다. 아직 이름이 세련되거나 미래 기술까지 담고 있지는 못하지만, 우리나라는 모듈러 건축의 근본이 되는 제도를 이미 예전부터 운영해 오고 있었다.

외국에서는 더 오래전부터 모듈러 건축의 유래를 찾아볼 수 있다. 다소 과장된 측면이 있기는 하지만, 일부 학자들은 모듈러 건축이 유목민의 이동 생활에서부터 시작되었다고 주장한다. 유목민은 초원 지대에 살며 가축을 방목하기 위해 항상 목초지를 찾아다니는 이동 생활을 하였기 때문에 텐트와 같은 천막집을 짓고 살며, 필요에 따라 이동을 하였다. 이러한 과거의 이동식 주택은 기초와 별도의 설비(파이프라인) 없이 보호 기능에 치중한 간단한 구조의 단층집이었지만, 최신 모듈러 주택은 모든 설비시스템을 갖추면서 조립식 설치와 이동까지 가능한 고성능 집이라고 할 수 있다. 또한 현대식 모듈러 건축물 유래는 1949년에 프랑스의 금속 예술가 장 프루베가 국가 지원을 받아 설계하여 파리 근교 뫼동에 지은 25채의 뫼동 하우스Meudon House에서도 찾아볼 수 있다.

요약하자면 아주 오랜 역사 속에서도 이동식 건축물의 수요가 있었으며, 현대식 모듈러 건축물은 20세기 중반부터 유래를 찾아볼 수 있었다. 우리나라는 PC 공법을 시작으로 1990년대부터 모듈러 건축이 시작되었으나, 최신 기술이 적용된 모듈러 건

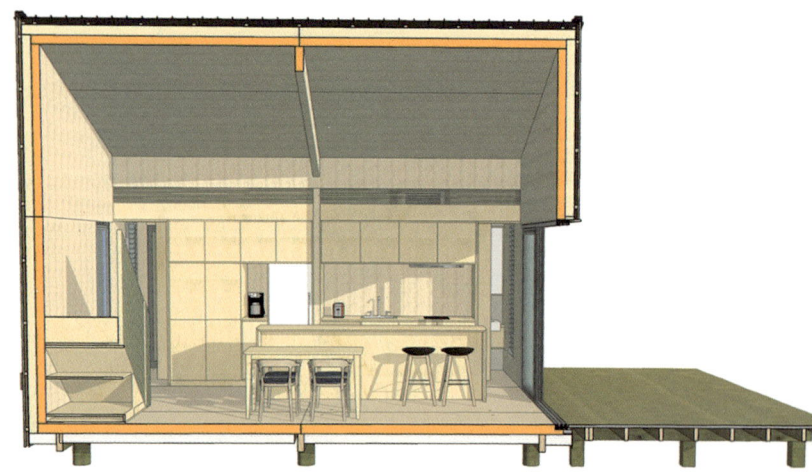

여가를 즐기기 위한 이동식 집[1]

축은 2000년대 초반에 시작되어 2010년 이후부터 본격적인 기술 발전을 이루게 된다.

모듈러 건축의 유형 및 분류

모듈러 건축은 그 유형을 다양하게 분류해 볼 수 있다. 사용하는 재료에 의한 분류, 기능에 의한 분류, 용도에 의한 분류, 공장생산 수준에 의한 분류 그리고 규모 및 복잡도에 의한 분류가 이루어지고 있다.

우선 사용하는 재료에 따라 목조 모듈러, 스틸 모듈러, 콘크리트 모듈러로 구분된다. 목조Timber Frame는 단열성능이 우수하고 주로 저층 주택에 적용된다. 스틸Steel Frame은 경량이면서 고강도라는 장점이 있어 중고층 건축물에서 인기가 높다. 콘크리트Precast Concrete는 다소 무겁지만 바닥진동 차단 성능 등 제반 성능이 우수해 PC 부재 형태로 널리 활용되어 왔다.

기능에 의해서도 모듈러 건축을 크게 3가지로 분류해 볼 수 있다. 정주형Permanent 건축은 일반적인 영구 건축물과 유사하게 공장에서 사전제작한 건축물이다. 보통 공장 제작률이 50~60% 수준이고 외부 마감·전기 등 설비는 현장에서 설치한다. 이동 가능 정주형Re-locatable 건축은 공장 제작률이 60~80% 수준에 이르며, 1~2회 정도 해체 후 재사용이 가능하도록 모듈 간 접합부의 해체 용이성 확보에 기술력을 집중하고 있다. 이동형Portable 건축은 말 그대로 여러 번의 이동과 재사용이 가능하도록 공장 제작률을 80~100% 수준까지 높인 모듈러 건축물이다. 이렇게 지어지는 모듈러 건축물은 그 용도가 매우 다양해지고 있다. 공공 부문에서는 과거 주로 교육시설, 국방시설 등에 사용되어 왔으나 최근 의료시설, 임대주택 등으로 확장되는 추세이다. 민간 부문 역시 현장숙소·기숙사·공장 등에 사용되어 오던 모듈러 건축이 체인점·호텔·오피스·분양아파트 등으로 확산되고 있다. 그리고 이러한 용도의 새로운 개발에 많은 관심이 쏠리고 있다.

모듈러 건축을 좀 더 기술적으로 공장생산 수준에 따라 분류해 볼 수도 있다. 관련 학자들(Gibb, Lawson 등)은 Level-0을 현장생산, Level-1을 철골 또는 PC 부재화, Level-2를 벽체·바닥·지붕의 패널화, Level-3을 3차원 단위 모듈(일부 마감 및 설비 제외), 그리고 마지막 단계인 Level-4를 마감재·설비 등을 모두 포함한 공장 제작 건축물로 구분한 바 있다. 최근 매킨지McKinsey & Company 보고서는 이를 보다 세분화해서 건축물의 규모와 복잡도에 따라 모듈러 건축을 12개의 유형으로 분류하였다.

다만 모든 건축물과 모든 단위 부재가 이러한 복잡성을 요구하는 것은 아니기 때문에 우리는 건축물의 용도와 기능, 그리고 사용하는 재료를 종합적으로 고려해서 최적화된 기술을 개발해 나갈 필요가 있다. 우리가 필요로 하는 기술과 해외수출을 위한 기술이 다를 수 있고, 생산성이나 경제성을 고려해 기술 적용의 수준을 조절할 필요도 있다. 그러기 위해서는 우리 기술이 현재 어디까지 와 있고 앞으로 어디를 향해 가야 하는지를 정확하게 진단하는 것이 선행되어야 할 것이다.

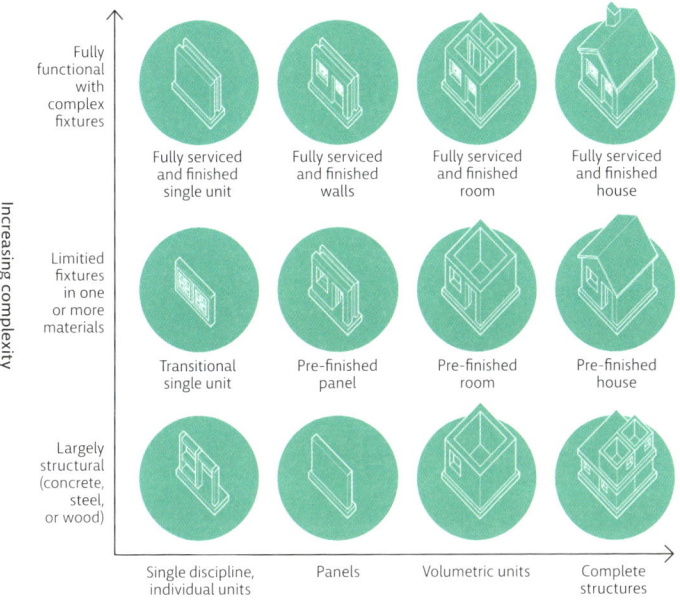

모듈러 건축의 기술적 분류[2]

권2. 건축 생산방식의 진화, 모듈러 건축

사람들은 왜 모듈러에 많은 관심을 갖는가?

2

과거 외국의 사례

모듈러 건축은 과거 이동식 집(건축물)의 수요에서 시작되었다. 이후 빠르게 기술이 발달하며 조립식 부재·공법을 활용한 공기단축 효과로 인해 1차적으로 확산되었다. 20세기 후반부터는 자동화 시공에 대한 욕구가 커지면서 모듈러 건축이 2차적으로 각광받기 시작하였다. 요즈음은 건축물에 다양한 정보통신, 에너지, 소재 기술 등이 접목되면서 모듈러 건축이 하나의 상품과 기업의 경쟁력으로 인식되는 3차 확산 시기를 맞이하고 있다. 최근 확산되는 모듈러 건축물에 대한 분위기를 알기 위해 먼저 과거 외국의 사례를 살펴보고자 한다.

우선 영국의 사례이다. 영국은 제2차 세계대전 이후 도시와 산업의 빠른 재건을 위해 발달한 철강산업을 기반으로 1950년대부터 모듈러 기술을 적용해 왔다. 영국이 모듈러 산업을 활성화하면서 겪었던 성공요인과 실패요인을 요약해 볼 필요가 있다. 영국은 기후 특성상 여름과 겨울 강수량이 많아 현장시공이 중단되는 경우가 잦았기 때문에 모듈러 건축의 공기단축 효과가 컸다. 숙련공(조적공, 배관공 등)이 부족하고 인건비가 비싸지면서 비용 절감의 효과도 있었다.

또 영국 정부는 강력한 친환경 정책의 일환으로 건물 규정의 Part L에서 이산화탄소(CO_2) 배출량 저감을 요구하였고, 주택을 지을 때도 친환경(단열성능, 재활용률 등)에 대한 지원책을 시행하였기 때문에 모듈러가 장점을 발휘할 수 있었다. 근로자들의 사회주택Social Housing 보급에 모듈러를 적용한 것도 한몫을 하였다. 또한 도심지 공사에서 굴착공사를 최소화하고 인접 건물에 대한 피해를 줄이는 것도 모듈러의 장점으로 부각되었다.

반면 단점과 한계도 지적되었다. 현장의 평범한 기능인력들에 비해 모듈러 전문인력이 부족하였다. 또 제조사의 생산능력 한계로 인해 건축물의 길이(스팬), 층수, 디자인 등 건축적 다양성이 부족하다는 한계도 겪었다. 대량 생산으로 인한 '규모의 경제'를 실현하기 전까지는 재료비로 인한 공사비 상승 요인도 있다고 판단되었고, 운송비도 만만치 않았다. 그럼에도 영국에서는 매년 10% 이상 모듈러 건축 시장이 성장하였고, 이미 15년 전부터 다양한 건축물 용도로 모듈러가 활용되어 왔으며, 지금은 그 활용 범위가 더욱 넓어졌다.

미국과 캐나다는 영국과는 조금 다른 상황이다. 넓은 지역에 위치한 집과 저층 상업시설 및 의료시설 등을 지을 때 현장에서 콘크리트를 생산하거나 현장까지 레미콘을 차로 운반하기가 어려운 상황이었기 때문에 공장에서 제작하는 방식으로서 모듈러를 활용하였다. 목재의 경우도 마찬가지였다. 단위 부재를 개별적으로 운반해 현장에서 가공·조립하기보다 공장에서 규격화된 부재를 생산하고 미리 가공·조립한 후 운반해서 설치하는 것이 품질과 운송, 비용 측면에서 더 유리하였다. 미국처럼 건축물을 지을 때 전통적인 석재나 타일 등 지역 특색이 있는 재료를 사용하는 경우에도 이를 지역 공장에서 미리 모듈화된 패널 형태로 제작한 후 현장에 설치하는 것이 나았다. 이에 따라 모듈러의 개념이 분산된 저층 건축물 중심으로 확산되어 왔고, 점차 완전한 모듈러 형태로 발전하기 시작하였다.

일본의 모듈러 건축은 소형 고급주택을 중심으로 최신 기술을 접목해 생산 자동화를 추구하는 쪽으로 발전되어 왔다. 도요타는 자동차 생산의 자동화 조립방식을 적용해 공정을 4분 48초 단위로 세분화하였고, 총 72개 공정으로 주택 제조 방식을 표준화하였다. 이렇게 만들어진 14개의 소형 모듈을 사용하여 8개의 주택 모델을 판매하였으며, 지금은 그 기술을 더욱 자동화하고 다양한 기술을 여기에 더 접목하고 있다. 주택건설 분야의 대기업인 세키스이Sekisui 역시 자동화 생산라인을 적용하여 주문형 단독주택을 활발히 판매하고 있다. 주택건설 수주가 아니라 주택건설 판매라는 점에서 이미 큰 변화가 시작된 것이고, 고객(수요자) 맞춤형 주문형 판매가 매우 단기간에 이루어진다는 점에서 경쟁력을 보이고 있다.

기술의 진보와 새로운 실험

모듈러 건축에 관한 기술의 진보는 여러 국가의 다양한 기업들을 통해 새로운 도전과 혁신의 산물로 보도되고 있다. 가장 대표적인 사례로, 모듈러 건축의 초단기·초고층 시공에 도전하고 있는 중국 브로드그룹 건설사인 BSBBroad Sustainable Buildings가 눈에 띈다. 2009년 설립된 BSB는 브로드그룹의 대규모 모듈러 건축 투자에 힘입어 2012년 30층짜리 호텔을 15일 만에 시공하였고, 2015년에는 57층짜리 건물을 19일 만에 완공하여 세계를 깜짝 놀라게 한 바 있다. 이후 세계에서 가장 높은 220층(838m)짜리 초고층 빌딩인 Sky City를 90일 만에 짓겠다고 나섰으나, 정부 인허가 문제로 아직 실현되지는 못하고 있다. 그리고 최근(2021년 6월)에는 20가구로 구성된 10층짜리 아파트를 단 28시간 45분 만에 시공하여 다시 한번 세계의 주목을 받았다. 중국의 모듈러 건축은 새로운 실험에 가까웠지만 결과적으로 고층 모듈러 건축 분야의 기술 혁신을 이끌었고, 한 단계 기술을 업그레이드하는 계기를 만들었다.

중국뿐만 아니라 세계의 많은 나라에서 유사한 시도들이 계속되고 있다. 목조 모듈러 주택을 시공하는 미국의 카테라Katerra는 주문형 판매 방식의 통합생산Integrated Factory 모델을 구축해 속도·품질·비용 등 모든 측면에서 좋은 성과를 나타냈다. 이에 2017년 1,700억 원의 순이익을 올린 후 2018년 소프트뱅크에서 약 1조 원의 투자를 받는 유니콘 기업으로 성장하는 사례를 보여주었다. 다만, 코로나19의 영향이 지속되고 중고층 모듈러에 대한 수요 대응 미흡 등으로 카테라가 최근 파산 신청에 따른 폐업을 하게 된 것이, 모듈러 산업의 지속가능성 측면에서 많은 시사점을 남겼다.

캐나다에 있는 목조 다세대주택 회사인 LBSLandmark Building Solution는 모듈러 방식의 자동화 설비를 구축해 설계-생산-설치의 전 과정을 5일 안에 완성함과 동시에 폐기물과 안전사고를 최소화하는 친환경적 성과를 이루어냈다. 또 국가적으로 PC 기반의 모듈러 방식을 추구하는 싱가포르의 대표적 건설기업인 스트레이츠건설Straits Construction Group은 PC 부재를 포함한 주방·욕실 등의 모듈화 공장생산으로 48개의 주택을 60명의 인력으로 10일 이내에 건설하였다. 이로써 기존 현장시공 대비 작업자 수 70%, 작업시간 50%의 절감을 이루어낸 성과가 보도되었다.

이렇듯 세계 각국의 기업들은 더디지만 강하게 모듈러 건

용인시 기흥구 영덕동 모듈러 경기행복주택[3]

축의 기술을 진보시켜 나가고 있고, 중국은 빠르게 새로운 실험을 통해 모듈러 건축 혁신을 이어가고 있다. 우리나라에서는 기존 저층 위주의 모듈러 건축이 최근 공공주택을 중심으로 중고층까지 확대되는 시도가 이루어지고 있다. 현대엔지니어링이 2021년 3월 모듈러 건축으로서는 국내 최고층인 13층 높이의 경기행복주택을 용인시 기흥구 영덕동에 건설하기로 하였고, 이어 6월에는 12층 규모의 서울시 구로구 가리봉동 행복주택을 수주하였다. 우리나라에서도 이미 모듈러 건축의 고층화에 대한 기술적 진보와 새로운 실험이 시작되고 있는 것이다.

서울시 구로구 가리봉동 모듈러 행복주택[4]

친환경 수요 증대

모듈러 건축은 기술적으로만 진보하고 있는 것이 아니다. 친환경적 매력도 모듈러 건축 수요를 이끄는 데 큰 역할을 하고 있다. 목조 모듈러의 경우 목재가 갖는 친환경적 장점을 잘 살리고 있기 때문에 북미·유럽·아시아 등 전 세계적으로 꾸준히 인기를 유지하고 있다. 스틸 모듈러 역시 경량철골 소재를 주로 사용해서 콘크리트에 비해 생산과정의 탄소배출 저감, 폐기물 감소, 재사용 증대 등의 장점을 살릴 수 있다. 고가의 재료이지만 고성능 재료를 사용함에 따라 전체적으로 재료사용 비율을 줄일 수 있는 것도 장점이다. PC 모듈러는 목조나 스틸에 비해 재료 자체의 친환경적 성능은 떨어질 수 있으나 기존 현장시공 대비 최적화된 공장생산에 따른 건설현장의 환경 피해(비산먼지, 소음, 현장폐기물, 많은 공사차량에 의한 매연 등)를 최대한 줄일 수 있다는 장점이 있다. 경량 PC 활용에 따른 콘크리트 사용량 지감 효과도 수반된다. 이와 같은 목조, 스틸, PC 모듈러의 장점들은 지금도 많은 기술자들에 의해 꾸준히 개선되고 있는 중이다.

모듈러의 친환경적 장점은 다른 데서도 찾아볼 수 있다. 현장시공 건축물과 비교해 볼 때 모듈러 건축물은 벽체·지붕 등 건축물의 모든 요소와 부위에 에너지 저감 기술을 접목하는 것이 유리하다. 미리 공장에서 이 부분들을 시스템적으로 사전에 고려하여 정밀하게 제작할 수 있기 때문이다. 일본 도요타 홈은 모듈러 주택에 태양광을 비롯한 신재생에너지 발전설비 등 다양한 에너지 저감 기술을 도입한 제로에너지주택Net Zero Energy House을 생산하여 판매하고 있다. 건축물의 벽체, 지붕, 바닥, 외피, 설비시스템 등 모든 요소와 부위에 에너지 저감 장치를 부착하는 것은 정밀한 사전제작을 요구하기 때문에 현장시공보다 모듈러와 같은 공장생산 방식이 품질과 성능 등 모든 측면에서 유리하다.

모듈러 건축의 친환경적 요소는 이러한 물리적·화학적·전기적 기능에만 치중된 것은 아니다. 심리적인 장점도 있다. 옥외 공간인 건설현장의 작업환경보다 쾌적한 생산설비를 갖춘 공장의 작업환경이 훨씬 더 심리적 만족감을 줄 수 있다. 요즘처럼 미세먼지가 심하고 폭염·장마·태풍 등 기후변화 요인이 많은 시기일

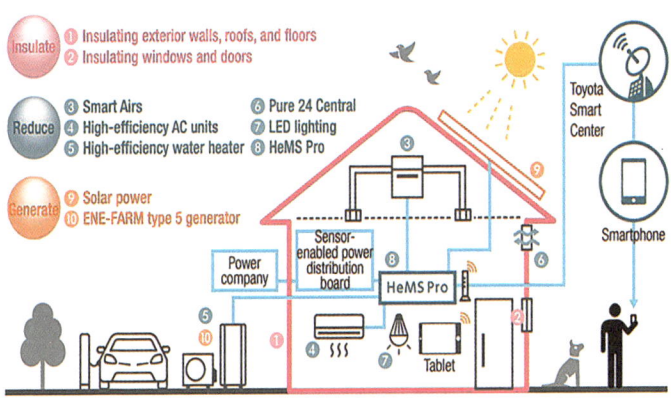

도요타 제로에너지 모듈러 홈[5]

수록 기후조건이 통제되는 실내 환경이 작업자들에게는 훨씬 더 유리하다. 또한 모듈러 건축물은 기존 고정된 건축물과 달리 공원 등 자연공간에 소형 여가 시설물을 설치할 수 있고, 주거시설이나 산업단지에도 임시 휴게 시설물을 제공할 수 있어 일하고, 거주하고, 자연을 즐기는 사람들에게 인간적이고 친자연적인 소형의 가변적 공간을 제공한다는 장점도 부각된다. 다만 이러한 장점들이 정말 지속가능한 장점이 되기 위해서는 비용 효율성과 성능 개선을 위한 노력이 이어져야 한다.

맞춤형 수요 증대

맞춤형 수요는 주로 주택에서부터 시작되었다. 삼성경제연구소 SERI는 2009년 보고서(주택의 미래변화와 대응방안)를 통해 수요자 맞춤형 모듈러 주택이 각광받을 것이라고 진단한 바 있다. 한국의 주택은 단독주택에서 아파트로 진화하였고, 다시 아파트에서 IT(정보기술)와 BT(바이오기술) 및 환경·에너지기술 등이 접목된 첨단 상품으로 진화 중이다. 이제 다양한 수요자에 맞추기 위한 주문형 모듈러 주택이 새로운 사업모델이 될 것이라는 예측이 나오고 있다.

이런 예측에는 소비자의 변화가 핵심이 되고 있다. 1인 가구 증가, 생활 양식 변화(재택근무 증가 등), 고령화, 여성의 사회 참여 증가, 소득 증가, 안심·안전·건강·편리 추구 등으로 주택에 대한 소비자의 요구가 다양해지고 있는 것이다. 기술의 진보도 소비의 다양성을 촉진한다. 주택에 첨단 소재가 활용되기 시작하였고, IT(센서·디스플레이 등) 접목이 많아지고 있으며, 최신 기술을 활용한 세련된 디자인과 다양한 서비스를 제공하는 사례가 늘어나고 있다. 산업 간 융복합과 경쟁 심화 추세도 소비자를 위

인터넷 쇼핑몰에서 판매 중인 모듈러 주택(2021년 10월 기준)[6]

한 차별화된 상품 경쟁을 촉진하고 있다. 모듈러처럼 첨단 건축 공법이 주목받을 수 있는 배경이다.

정책적으로도 이러한 모듈러 건축 확산 추세를 점쳐볼 수 있다. 기후변화 대응은 세계적 추세가 되었고, 이제 우리나라도 주변국이 아닌 중심국으로서의 역할을 해야만 한다. 탈탄소와 저에너지가 대세가 되는 정책 환경이기 때문에 이를 보다 적극적으로 수용할 수 있는 모듈러 건축이 녹색산업에 부합하는 상품이 될 것이다. 또한 고령 인구의 증가와 홈 헬스케어 정책은 주택이 단순한 거주 공간이 아닌 병원시설로 활용되도록 유도한다.

이와 같은 소비자의 변화, 기술의 진보, 산업 간 융복합 및 달라진 정책 환경은 주택의 획일적 공급이 아닌 수요자 맞춤형 공급을 선호하게 하였다. 기업들도 이러한 수요 증대에 따라 인터넷 주문을 통한 수요자 맞춤형 모듈러 주택을 초단기에 설치·판매하는 전략을 수립하고 있다.

브랜드화와 상품 경쟁력

전 세계적으로 소비자들에게 가장 많이 알려진 대표적 모듈러 건축물은 주택이다. 모듈러 주택은 기술을 넘어 상품으로 인식되고 있기 때문에 기업 입장에서는 수주가 아닌 판매 전략을 수립하게 되었다. 과거 한창 아파트 브랜드가 유행하며 TV 광고에 아파트 광고가 넘쳐나던 시절처럼 앞으로 모듈러 주택 브랜드가 대중에게 많이 알려지고 TV 광고에 빈번하게 나타나는 시기가 곧 올 수도 있다.

이미 건설산업의 브랜드화는 본격적으로 시작되고 있다. 현대제철은 2017년 주로 아파트나 빌딩에 들어가는 철근을 지진에 보다 강한 내진철근으로 개발하여 '에이치코어H-CORE'라는 브랜드로 출시하였다. 이 철근은 드라마 '나의 아저씨'를 통해 대중들에게 홍보하기도 하였다. 2019년에는 포스코가 건축용 내외장재를 중심으로 하는 프리미엄 건설자재를 '이노빌트INNOVILT'라는 브랜드를 붙여 론칭하였다. 브랜드화를 통해 건설 관련 비즈니스 당사자뿐만 아니라 최종 사용자인 고객들도 직접 이노빌트 브랜드를 선택할 수 있게 한다는 것을 강조하고 있다.

이에 앞서 모듈러 주택 브랜드가 출시된 적도 있다. 국내에서 관련 기술개발과 사업에 적극적인 포스코A&C는 2012년 모듈러 주택 브랜드인 '뮤토MUTO'를 출시하고 서울시 강남구 청담동에 4층 규모의 원룸형 주거시설을 지었다. 이 건물은 최초로 강남에 입성한 브랜드 모듈러 주택이며, 1.5개월의 현장시공을 거치는 등 모듈러 건축 홍보에도 적극 활용되었다. 강남구 아름다운 건축물, 서울특별시 건축상 등의 수상 실적도 남겼다. 이후 국내외 모듈러 주택을 중심으로 많은 브랜드가 생겨나고 있고, 적극적인 홍보와 함께 상품 경쟁을 벌이고 있다. 모듈러가 건설산업의 브랜드화를 통해 직접 소비자들에게 다양한 상품을 만들어 경쟁하는 계기를 촉진하고 있는 것이다.

모듈러 주택 브랜드, 청담 뮤토[7]

권2. 건축 생산방식의 진화, 모듈러 건축

건설산업과
건설현장의 변화

인구와 인력 감소

유엔인구기금UNFPA이 발간한 2021년 세계 인구 현황 보고서에 따르면 한국의 합계출산율은 2년 연속 전 세계 198개 국가 중 꼴찌를 기록하였다. 바로 앞 순위인 푸에르토리코가 1.2명의 출산율을 나타내고 있는데 우리는 1.1명 수준이고, 일시적으로 0.84명까지 떨어지는 등 압도적인 꼴찌를 기록하고 있다. 고령 인구를 제외하면 우리나라는 젊은 층 인구 감소율이 전 세계에서 가장 높다는 것을 뜻한다. 게다가 우리나라는 건설산업에 대한 사회적 인식이 다른 첨단 산업에 비해 낮아 신규 인력 유입이 줄어들고 노동력 부족 문제가 심각한 상황에 이를 것이란 전망이 잇따른다. 건설현장 기능인력은 이미 오래전부터 대부분 50~60대 이상이고, 젊은 층의 유입은 거의 사라졌다. 부족한 기능인력은 외국인 근로자로 채워지고 있다. 이를 보다 구체적 수치로 제시하고 있는 대한건설정책연구원의 실태조사 분석 보고서(2020.12)에 따르면 현장 실질 시공을 담당하는 전문건설사의 기능인력 중 40세 미만은 전체의 1.5%에 불과하고, 50세 이상은 76.2%에 달하였다. 특히 이를 대체하고 있는 외국인 근로자의 대부분인 73.9%가 단순 일용근로자다.

이러한 상황을 요약하면, 앞으로 건설현장에서 일을 할 근로자가 없다는 것이고, 외국인 근로자를 활용한 기능인력 대체 또한 숙련도 문제로 힘들다는 것이다. 더욱이 이처럼 외국인 근로자를 중심으로 건설현장이 운영될 경우 건설투자를 통한 경기부양 정책을 쓰기 어려워져 건설산업 활성화는 영원히 어려워질 수 있다. 이 문제점을 극복하기 위한 방안으로는 기존의 현장생산

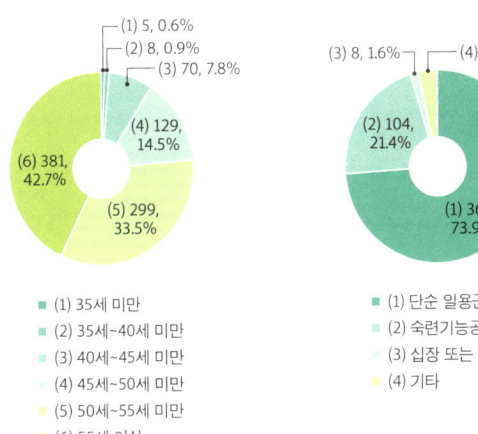

건설현장 기능인력 평균연령 분포[8]   건설현장 외국인 근로자 활용 형태[9]

중심 공법·기술을 공장생산과 사전제작 중심으로 전환하고, ICT 등 첨단기술과 제조업을 접목하는 건설 자동화를 통해 생산성·효율성을 혁신하는 일이 대표적으로 거론되고 있다. 당장 건설현장의 모습이 모듈러 방식으로 전환되지는 않겠지만, 절대인구 감소와 건설기능인력의 고령화, 외국인 근로자를 활용한 숙련도 부족 문제는 궁극적으로 모듈러 건축 방식을 선택할 수밖에 없는 상황을 만들고 있다.

건설산업 환경 변화와 경쟁력

기능인력 문제를 포함해 건설산업은 최근 여러 가지 환경 변화에 직면해 있다. 건설산업 전반에서의 경쟁력 저하, 우수 기술인력 확보의 어려움, 양적 성장의 한계에서 벗어난 중장기적 지속가능성 저하, 첨단 건축기술의 국제경쟁력 열위가 계속되는 상황, 10년 전에 비해 개선되지 못하는 품질 저하 및 안전사고 증대 문제, 그리고 기능인력 부족과 숙련도 저하 등이 대표적인 6대 요인으로 꼽힌다. 이러한 문제점을 극복하기 위한 대안은 다각도로 진행되어야 하는데, 많은 전문가는 적극적인 첨단 모듈러 시공기술 도입을 그 핵심 대안으로 보고 있다.

국토교통과학기술진흥원 진단 결과에 따르면 국내 주거·건축 분야의 기술 수준은 최고기술 보유국 대비 82.1%로 성장기에서 성숙기로 접어들고 있다. 선도국을 추격하기에는 현장생산 중심의 기술적 한계에 직면하는 등 현재 위기와 기회가 공존한다고 볼 수 있어 모듈러 등 새로운 도약기술을 필요로 하는 시점이다. 또한 건설산업의 대외 경쟁력이 최근 지속적인 하락 추세여서 이를 극복하기 위한 혁신적 대안도 필요하다.

아울러 한국건설기술연구원의 평가 결과에 따르면 국내 건설산업의 세계 경쟁력은 2016년 6위, 2017년 9위에서 2018년에는 12위로 계속 하락하는 추세를 보였다. 이와 더불어 현장 차원에서도 품질·안전·환경의 문제가 갈수록 심각해지고 있다. 품질 관련 하자분쟁 발생빈도가 높아지며, 건설업 사망자 수가 계속 높게 나타나고 있고, 건설폐기물 발생량 증가 등 온실가스 및 미세먼지 대책도 매우 심각한 상황이다. 더욱이 우리나라는 현장생산을 이끌어갈 우수 기술인력 확보의 어려움이 장기화되고 있는 실정이다.

이렇듯 기능인력 공급 부족, 기능수준 저하, 기능인력 고령화 및 숙련공 부족 문제 등으로 현장생산에 의존하기 어려운 한

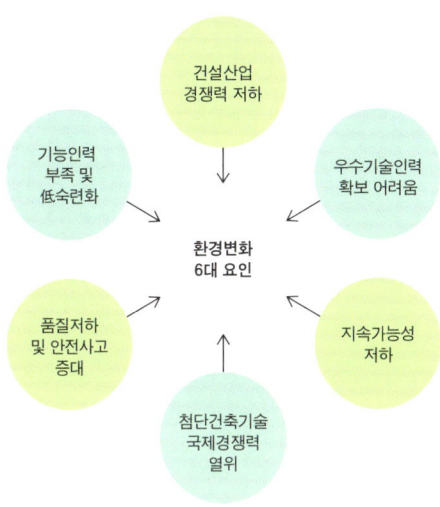

모듈러 건축을 필요로 하는 건설산업 환경 변화 요인

게에 직면해 이제는 공장생산 방식의 도입이 불가피하다. 통계청에 따르면 2018년 기준 건설업의 55세 이상 취업자 비중은 전체의 60% 수준이며, 2015년 기준 국내 건설업의 노동생산성 지수MGI는 18.7로 스페인(42.9) 프랑스(37.1) 독일(32.1) 영국(30.4) 등에 크게 못 미치는 것으로 나타났다. 국내 건설시장을 선도하고 있는 주택 분야도 모듈러 관련 기술경쟁력은 선도국 및 경쟁국들과 비교해 볼 때 '보통 수준'에 그친다. 하루 만에 짓는 모듈화 기반 레고형 주택 시공기술은 세계적으로 일본이 선도하고 있고, 국내 기술과 최소 3년~최대 8년의 격차가 있는 것으로 평가되었다. 한국과학기술기획평가원이 제시한 이 결과에서는 모듈러 주택 관련 기술 확보를 위해 정부가 제도개선을 가장 최우선

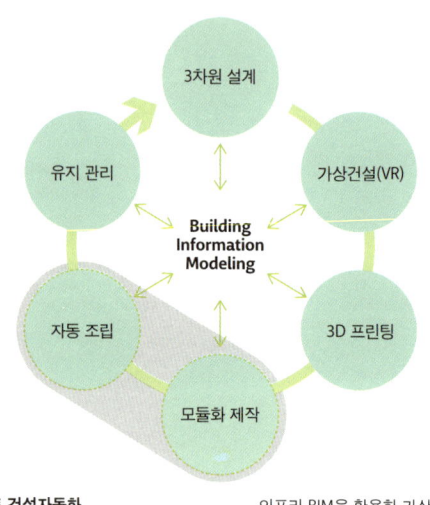

스마트 건설자동화
현장의존적 생산체계 한계를 극복하는
첨단공장형 건설기술을 스마트시티에
시범적용 후 2025년까지 개발

→

인프라 BIM을 활용한 가상시공(Pre-con)후,
3D 프린터를 활용하여 공장에서 건설
부재를 모듈화로 제작하고, AI를 탑재한
다기능 건설로봇에 의해 현장에서 조립하는
스마트 건설자동화 기술 개발

제6차 건설기술진흥기본계획 중점 추진과제[10]

으로 지원해야 한다고 강조하였다.

    정부도 이에 대한 정책 방향을 수립하고 있다. 국토교통부는 제6차 건설기술진흥기본계획(2018~2022)을 통해 정부가 중점적으로 추진하고자 하는 건설기술의 미래상을 그림과 같이 제시하였다. 즉 최근 많은 건설산업의 환경 변화로 인한 현장 의존적인 생산체계 한계를 첨단 공장형 건설기술의 개발 및 적용으로 극복한다는 것이다. 다시 말해 '인프라 BIM을 활용한 가상 시공Pre-con 후 3D 프린터를 활용하여 공장에서 건설부재를 모듈화로 제작하고, AI를 탑재한 다기능 건설로봇에 의해 건설현장에서 조립하는 스마트 건설 자동화'를 추진하는 것이 환경 변화에 대응하는 정부의 중장기 정책 방향이다.

이러한 모듈러 방식의 도입 및 활성화는 언뜻 보기에 조금 먼 얘기인 듯하지만, 생산체계의 변화는 어느 시점에 갑작스러운 파도처럼 밀려들 수 있다. 모듈러 건축 시스템은 제조업 기반의 공장생산 및 사전제작을 포함한다. 즉 건설산업을 수주 중심의 산업에서 상품 중심의 산업으로 변화시키고, 수출과 수입을 넘나드는 국제적인 경쟁을 가속화할 수 있다. 따라서 제도와 정책 대비를 통해 기업들이 나아가야 할 중장기 방향을 제시하고 이를 지원하는 것은 매우 중요한 과제로 떠오르고 있다.

생산의 변화

완전히 자동화된 모듈러 방식의 도입은 더디지만, 우리 건설산업은 이미 현장생산 중심에서 공장생산·사전제작 중심으로 변화를 시작하였다. 가장 대표적으로 건축물에 들어가는 철근 등 구조재를 공장에서 제작하여 현장에서는 설치 위주로 시공하는 것이 일반화되고 있다. 과거 현장에서 절단·조립 등 철근을 가공하던 행위가 공장으로 옮겨가서 가공철근 형태로 현장에 반입되기 시작하였고, 이미 2015년에 전체 철근 수요의 35% 이상을 가공철근이 채우게 되었다.

철근의 유통시장 환경이 이렇게 공장에서 사전제작을 하는 가공철근 중심으로 변화됨에 따라 건설사들은 균일한 품질 확보와 대량 가공에 따른 비용절감 효과를 느끼고 외주가공을 더욱 늘리게 되었다. 현재 국내 10대 건설사의 철근 외주가공 비율은 건축공사를 기준으로 보면 70% 이상 수준인 것으로 추정된다. 철근뿐 아니라 건물의 뼈대를 형성하는 형강류H-Beam, Angle, Channel는 이미 대부분을 공장제작에 의존하고 있으며, 최근 수요자 맞춤형 조립(빌트업) 형강 제품이 확대되는 추세까지 더해지면서 형강류의 공장제작 비중은 더욱 높아질 전망이다. 콘크리트 또한 최근 PC 부재의 확대로 공장제작이 늘고 있다. 이렇듯 건물의 뼈대를 형성하는 콘크리트와 철근, 형강류 대부분이 이제 현장에서의 설치·가공이 아닌 공장생산 및 사전제작 중심으로 더딘 듯하지만 빠르게 변화해 가고 있다.

구조재 일부분인 바닥재에서도 제조업화가 진행되고 있다. 거푸집을 활용하여 현장에서 콘크리트 바닥을 타설하던 재래식 공법에서 철재 거푸집과 바닥의 철근 트러스 구조체가 일체형으로 미리 공장에서 제작된 구조용 합성 데크플레이트Composite Deck Plate를 점차 활용해가기 시작한 것이다. 2015년에 4,000억 원 수준의 시장을 형성하고 있던 데크플레이트 시장은 매년 10% 이상의 꾸준한 성장세를 이어가고 있다. 국내에서는 덕산하우징·제일테크노스·윈하이텍·코스틸·동아에스텍 등이 주력기업으로 활동을 하고 있는데, 이들 기업이 최근 지속적으로 생산설비를 늘려옴에 따라 앞으로도 공급 측면의 시장 확대가 예상된다. 아직도 재래식 현장 타설 공법이 80%에 가까운 수준이고 데크플레이트 사용 비중은 20% 남짓에 불과하지만, 장수명 주택과 모듈러 주택 보급 활성화 정책 등 공장생산·사전제작 비중이 계속해서 높아지고 있다. 이에 따라 데크플레이트 사용 비중이 앞으로 50% 수준까지 높아질 것이라는 조심스러운 전망이 나오고 있다.

여의도 63빌딩 건설 사진[11]

외장재에서는 구조재·바닥재보다 건식화의 추세가 두드러진다. 대표적인 것이 건물을 지을 때 외장재를 커튼월Curtain Wall로 조립하여 설치하는 것이다. 과거의 외벽은 벽돌·블록·타일 및 석재 등을 습식 또는 반건식으로 구조체에 부착하였으나, 요즘은 유리를 알루미늄이나 스틸 프레임에 달아매는 개방감 높은 커튼월을 주로 사용하고 있다. 유닛 커튼월 방식을 적용한 대표적인 건축물이 1982년에 지어진 여의도 63빌딩이다. 커튼월 방식도 과거에는 뼈대Mullion를 일일이 현장에서 설치하는 방식을 사용해 오다가 최근에는 사전에 공장에서 일체형으로 제작해 온 대형 패널Panel을 부착하는 방식으로 공법이 발전되어 가는 중이다. 이와 같은 유닛 커튼월의 사용은 기계화에 따른 노동력 효율화, 경량화와 공기단축에 의한 비용 절감, 외벽 기능의 고성능화 측면에서 많은 호응을 얻고 있다.

커튼월뿐만 아니라 시공 전반의 내·외부 마감용 패널 사용도 늘고 있다. 벽돌·블록·타일 및 석재 등을 주로 습식으로 시공해 오던 마감공사는 중량물 설치에 따른 지진 발생 시의 위험성 증가, 현장 기능인력 숙련도와 품질 문제, 계속 높아지는 인건비, 유지보수의 어려움 등으로 습식과 건식을 적절히 섞은 반건식 공법이 우선 사용되다가 최근에는 컬러강판 등을 주로 활용해 기존 습식의 단점을 보완한 패널화 시공이 꽤 확산되고 있다. 건축물에 사용되는 패널은 아연도금의 컬러강판 소재를 주로 쓰고 있으며, 외장재·내장재·지붕재로 두루 활용된다. 이와 같은 건설공사 마감용 패널(강건재 패널로 한정) 시장 규모는 중국산 등 외국산을 제외한 국내산으로만 추정해 볼 때 연간 2조 2,000억 원 이상

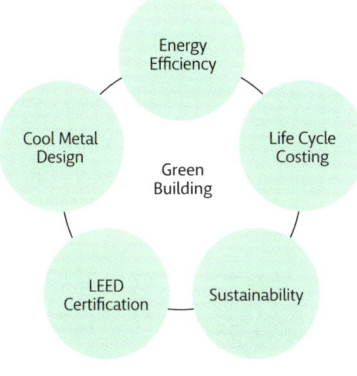

북미 패널 시장의 5대 이슈[12]

의 시장(2018년 기준)을 형성 중인 것으로 보인다. 아직은 부가가치가 낮은 샌드위치패널이 주로 쓰이고 있지만 최근 부가가치가 높은 클린룸복합패널 등 고급형 복합패널 활용으로 확대되고 있으며, 단순 패널에서 유닛 모듈화로 진화하는 모습도 나타나고 있다.

패널 시장은 단순히 외장재·내장재·지붕재의 기능에 한정되지 않고 친환경적이면서 에너지를 절약하는 형태로 점차 확산되는 모습도 보인다. 일본의 패널 시공 분야 선두업체인 산코Sanko를 비롯한 요도코Yodoko와 MSK 등은 비정형, 장스팬, 친환경디자인, 태양광발전 등의 기술을 패널에 접목하는 사례를 넓혀가고 있다. 북미의 대표적 패널 시공업체인 미국 펜실베이니아주의 센티마크CentiMark와 일리노이주의 텍타 아메리카Tecta America, 캐나다의 플린Flynn Group of Companies은 그린루프Green Roof, 쿨루프Cool Roof, 솔라루프Solar Roof처럼 친환경·태양광발전 기술을 접목한 지붕패널 등을 앞으로의 주력 분야로 내다보고 있다.

이러한 추세를 반영하듯이 금속시공협회Metal Construction Association는 북미 패널 시장의 이슈를 그린빌딩Green Building을 중심으로 에너지 효율, 생애주기 비용, 지속 가능성, 친환경LEED 인증, 쿨링 소재 활용Cool Metal Design 등 5가지로 진단하고 있다. 우리나라도 이와 같은 추세가 동일하게 나타나는 중이다. 곳곳의 건물 외벽과 지붕에 태양광 발전 패널이 설치되고 있으며, 쿨루프 등의 친환경 지붕 시공도 자주 등장하고 있다.

코로나19 항바이러스 컬러강판[13]

그리고 최근 코로나19로 인해 건축용 패널 기술은 한층 더 기술적 진화를 하게 된다. 최근 동국제강은 항균 컬러강판 '럭스틸 바이오'의 성능을 개량해 코로나19 바이러스를 30분 안에 99.9% 사멸하는 항바이러스 컬러강판을 개발하여 의료시설·반도체공장·식품회사·제약회사 등의 내·외장재로 활용케 하겠다고 발표하였다. KG동부제철 역시 항바이러스 컬러강판을 선보이고 양산에 들어갔다는 소식을 전하였다.

이처럼 건축물의 구조재·바닥재·외장재·내장재·지붕재 등의 많은 요소가 공장생산과 사전제작을 기반으로 하는 패널화 시공 형태로 변화해 가고 있으며, 이는 유닛 모듈화로 발전하게 되는 과정을 거치면서 모듈러 건축으로 진화하게 되었다. 샌드위

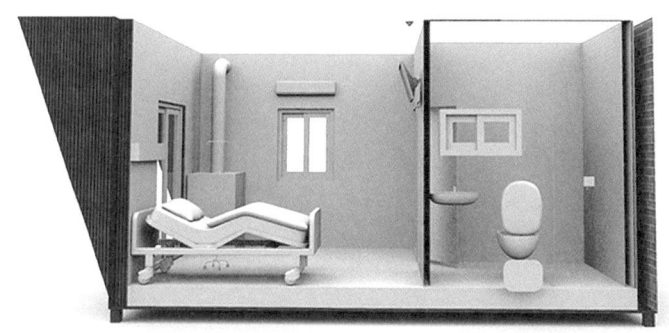

자체 개발한 이동식 모듈러 음압병실[14]

치패널을 시공하던 전문건설업 기반의 종합건축자재전문기업으로 성장해 최근 모듈러 주택 분야까지 진출해 있는 SY그룹은 지난해 코로나19로 인해 치료·격리시설이 부족할 때 이동식 모듈러 음압병실을 단기간에 개발해 많은 관심을 받았다.

    이렇듯 기존의 습식 공법이 반건식으로 진화하고, 다시 건식화된 패널화 시공으로 발전하면서 유닛 모듈화의 과정을 거쳐 최근에 많은 관심을 받는 모듈러 건축으로 진화하는 생산의 변화를 맞게 된 것이다. 그렇다고 해서 습식의 중요성이 사라진 것은 아니다. 습식은 습식대로 기초, 골조, 방수, 미장, 타일 등의 공정에서 여전히 매우 중요하게 활용되고 있다. 다만 모듈러처럼 자동화된 조립방식의 건축생산 시스템을 필요로 하는 분야에서 기술적 진보를 통한 생산의 변화 과정을 우리는 '패널화 시공' 중심으로 경험하고 있다.

디지털 혁신

습식에서 반건식, 반건식에서 건식화된 패널화 시공, 패널화 시공에서 유닛 모듈러를 거쳐 이동 가능한 모듈러 건축까지 변화해 가는 과정은 단순한 현장생산의 변화뿐 아니라 자동화 기반의 디지털 혁신이라는 큰 틀의 변화가 수반되고 있다. 그리고 그 변화는 한국판 뉴딜이라는 정부의 정책 드라이브를 통해 더욱 강력하게 확산될 조짐을 보이고 있다. 2020년 7월부터 본격 추진 중인 한국판 뉴딜 정책은 디지털 뉴딜과 그린 뉴딜로 크게 구분되며, 최근(2021. 7)에는 휴먼 뉴딜이 추가되었다. 디지털 뉴딜은 세계가 디지털 경제 사회가 되어 가는 것에 빠르게 대응하는 방편이다.

디지털 경제 사회의 특징은 다음의 5가지 요소로 대표된다. 비대면화, 탈경제화, 초맞춤화, 서비스화, 실시간화가 그것이다. 비대면화는 생산·서비스 과정에 디지털 플랫폼을 활용하는 특징이 있고, 탈경제화는 기존의 산업 간 경계가 허물어지는 것을 전제하고 있으며, 초맞춤화는 빅데이터와 AI를 활용한 소비자의 다양성을 맞춤형으로 고려하게 된다. 서비스화는 단순히 제조나 생산을 넘어 서비스와 융합된 새로운 수익모델을 창출하는 것이고, 실시간화는 스마트 팩토리를 활용한 모듈러 주택 공급과 같이 즉시 생산되는 방식을 추구한다.

디지털 산업정책을 통한 경제혁신 시도는 전 세계 각국에서 진행되고 있다. 미국의 '첨단제조 전략계획', 중국의 '중국제조 2025' 정책, 일본의 'I-Construction' 정책, 독일의 '인더스트리 4.0' 전략, 영국의 'Construction 2025' 등이 대표적이다. 이들의 공통된 특징은 IT를 활용한 첨단제조와 건설의 융합이다. 이러한 건설산업의 디지털 전환은 이제 세계적 추세로, 선택이 아닌 필수가 되었다.

지금까지 건설산업에서 기술혁신과 디지털화를 통한 생산성 향상이 전 세계적으로 매우 더뎠다. 우리나라 건설산업은 그동안 물량 중심의 양적 성장을 지속해 오면서 규모 측면에서는 매우 성장한 것으로 보였으나, 노동생산성은 선진국 대비 50% 수준이라는 평가를 받고 있다. 국내 제조업과 비교하더라도 지속적으로 하락하는 모습이다. 이러한 문제는 고용과 안전 측면에서 나쁜 수치로 드러났다. 제조업과 비교할 때 건설업 고용의 질이 불안정하게 나타나고 있으며(정규직 상용근로자 비중이 50% 이하로 전 산업 평균에 크게 못 미치며 제조업과 매우 큰 격차 발생), 산재 사망자 수는 건설업이 전체의 50%를 차지할 정도(2019년 전체 사망자 971명 중 건설업이 485명)이다.

디지털 혁신은 이러한 우리 건설산업의 모습을 크게 바꿔줄 것으로 기대된다. 대한건설정책연구원의 최근 분석(2020. 7)에 따르면 건설산업 디지털 혁신이 지금의 제조업 수준으로 이루어질 경우 생산성이 25% 향상될 것으로 보았고, 만약에 지금의 정보통신업 수준까지 디지털화가 진행된다면 생산성이 50%까지 향상될 것으로 내다보았다. 대한건설정책연구원은 이 밖에 건설산업의 디지털 혁신 파급효과로 사고율 감소(60% 수준), 환경오염 저감(80% 수준), 시공품질 향상(120% 수준), 양질 고용 확대(120% 수준) 등의 장점을 제시하였다.

그렇다면 건설산업의 디지털 혁신을 위한 수단과 도구는 무엇일까? 대한건설정책연구원은 7대 혁신과제를 제시하였다. 주요 골자는 디지털 혁신을 위해서 다공종 통합 시공이 필요하고, IPDIntegrated Project Delivery 등 맞춤형 발주제도 도입이 필요하며, 디지털 기술 도입에 따른 새로운 기술기준 및 데이터 활용 설계 자동화 기반 마련과 함께 OSC 사업 활성화가 추진되어야 한다는 것이다. 모두 모듈러에 직결되는 이야기이다. 따라서 건설산업 디지털 혁신의 큰 흐름 중 하나는 기존의 현장생산 공법을 모듈러 건축 기술로 전환하는 것이라 할 수 있다.

그린 뉴딜과 서울 선언문

디지털 이슈뿐 아니라 친환경 이슈도 모듈러 건축을 둘러싼 큰 환경 변화의 요인 중 하나이다. 그린 뉴딜은 이러한 이슈에 선제적이며 적극적으로 대응하기 위한 한국판 뉴딜의 큰 축이면서 디지털 뉴딜과 상호 보완해야 할 중요한 정책 방향이다. 뉴딜New Deal 정책은 사회·경제 위기 해결을 위한 정부의 적극적 개입과 이에 대한 국민과의 새로운 합의이다. 단순히 경제 회복을 넘어 대전환과 재건을 포함하는 시스템 개혁을 의미한다. 그린 뉴딜은 기후위기 대응을 위한 전환적 투자와 이를 통한 새로운 일자리 창출을 목표로 한다. 2020년 7월 국민보고대회를 통해 발표한 한국판 뉴딜 정책에서 그린 뉴딜은 ①도시·공간·생활 인프라의 녹색 전환, ②저탄소·분산형 에너지 확산, ③녹색산업 혁신 생태계 구축을 3대 중점 추진 방향으로 설정하였다.

이는 주요 외국의 관련 정책 방향을 포괄적으로 검토해서 한국의 실정에 맞게 설정한 것이라고 해석할 수 있다. 기후위기 대응에 가장 선도적인 EU는 대규모의 그린딜 투자에 공적투자와 민간투자를 결합해 진행하고 있으며, 건물 부문에서는 '리노베이션 웨이브A Renovation Wave for Europe'를 강조하고 있다. 영국 역시 청정성장전략Clean Growth Strategy을 채택해 주택 혁신 등의 저탄소화와 경제 성장을 동시에 추구하고 있다. 미국은 의회와 주정부·지자체 등을 중심으로 기후위기 대응과 경제적 불평등 해결을 동시에 추구하고 있었으나, 바이든 정부가 들어서면서부터 관련 정책이 산업 전반으로 확대되고 있다. 중국은 아직까지 산업 육성 정책을 적극적으로 펼치고 있으나, 태양광 등 신재생에너지 산업 역시 전 세계 석권을 위해 정부 주도로 천문학적인 투자를 진행하고 있다. 그 결과 이미 2020년 기준으로 신재생에너지 발전용량 세계 1위를 차지한 바 있다. 세계적인 미래학자 제러미 리프킨Jeremy Rifkin은 신산업혁명 시대가 인터넷 커뮤니티, 신재생에너지, 전기·수소연료전지차를 중심으로 펼쳐지고 있으므로 한국도 이에 대한 보다 적극적인 인프라 투자와 그린 뉴딜의 선도적 역할이 필요하다고 제시한 바 있다.

    그린 뉴딜을 위한 해결과제는 매우 다양하다. 그중 모듈러를 활용하는 것도 건축 생태계를 친환경적인 순환경제 생산시스템으로 전환하는 하나의 대안으로 떠오르고 있다. 대한건축학회 연구 결과에 따르면 경량철골을 기반으로 한 모듈러 건축은 재료의 재활용률이 82.3%에 이르는 것으로 진단되었고, 주요 건축공사 공법별 건설폐기비용 비교(포스코, RIST 수행)에서도 기존 철골조 및 RC조 등과 비교할 때 모듈러 건축의 폐기물 처리비용이 크게 감소하는 것으로 나타났다. 물론 이와 같은 진단이 모든 경우에 해당되는 것은 아니며 정확한 수치라고도 할 수 없다. 그러나 모듈러 건축은 이동 및 재사용, 건설폐기물 최소화, 건설현장 환경오염 저감 측면에서 타 공법 대비 친환경적 장점이 존재한다고 말할 수 있다. 따라서 앞으로 기후위기 대응이 점차 강화될 것에 대비해 순환경제 생산시스템의 일환으로 모듈러 건축을 활성화하는 것이 하나의 대안이 될 수 있음을 예측해 볼 수 있다. 물론 모듈러 건축과 관련해 앞으로 해결해야 할 과제는 매우 많이 남아 있다.

우리나라 그린 뉴딜 정책은 2021 P4G 서울 녹색 미래 정상회의 개최로 더욱 탄력을 받을 것으로 보인다. P4G는 'Partnering for Green Growth and the Global Goals 2030'의 약자로서 '녹색성장과 글로벌 목표 2030을 위한 연대'를 의미하며, 정부기관과 더불어 민간 부문인 기업·시민사회 등이 파트너로 참여하여 기후변화 대응과 지속가능한 발전목표를 달성하려는 글로벌 협의체이다. 2017년 9월 출범하여 2018년 10월 제1차 P4G 정상회의(덴마크 코펜하겐) 개최 후 2019년 9월 UN 기후행동 정상회의(미국 뉴욕)에서 공식적으로 대한민국의 제2차 P4G 정상회의 개최를 선언하였다.

회의는 2021년 5월 30~31일 이틀간 서울의 동대문 디자인플라자에서 열렸다. 이번 서울 P4G 정상회의는 '포용적 녹색회복을 통한 탄소중립 비전 실현'이라는 주제로 45개 국가와 EU, 21개 국제기구에서 총 68명이 참석하는 등 위상과 관심이 매우 높았다. 한국 정상이 주재한 정상회의 결과 문서로 '서울 선언문'을 채택해 ①녹색회복을 통한 코로나19 극복, ②지구 온도 상승 1.5도 이내 억제를 지향, ③탈석탄을 향한 에너지전환 가속화, ④해양

플라스틱 대응, ⑤국가별 온실가스 감축 목표NDC 달성 등 국제사회의 행동을 제시하였다. 또한 이번 회의가 갖는 중요한 의미 중 하나는 한국이 선진국과 개도국의 행동을 이끌어 내는 중간 리더 역할을 하게 되었다는 것이다.

'서울 선언문'으로 전 세계의 기후위기 극복에서 한국이 차지하는 위상이 매우 높아짐에 따라 건설산업을 비롯한 전 산업에서 녹색성장과 그린 뉴딜 정책 및 사업 확산이 예상되며, 이는 우리나라 건설산업이 글로벌 녹색건설 강국으로 도약하는 계기로 작용할 수 있다. 정부는 그린 리모델링의 활성화, 제로에너지 건축물의 구현 확산, 기존 건축물·시설물의 에너지 절약형 유지관리 플랫폼 구축, 녹색지향 발주·계약제도 마련 등에서의 정책 선도가 필요하다. 그리고 기업은 민·관 협력을 기반으로 모듈러·OSC 순환경제 생산시스템 구축, 저탄소·친환경 건설현장 구현 등 생산방식과 현장Site의 환경 혁신이 매우 중요해졌다.

건설산업과 건설현장의 변화에 대한 설명은 ①인구와 인력 감소, ②건설산업 환경 변화와 경쟁력, ③생산의 변화, ④디지털 혁신, 그리고 ⑤그린 뉴딜과 서울 선언문 등 5가지 세부 주제로 다뤄 봤다. 인구 감소와 함께 건설현장의 기능인력이 사라져 가면서 국제경쟁력을 높이기 위한 기술 혁신이 필요해지고, 건식화된 패널화 시공이 확산되고 있다. IT 기술 등을 접목한 자동화 공법 도입으로 생산성 향상이 절실한 상황에서 그린 뉴딜 등 기후위기 대응을 위한 정책이 강화되고 있다. 이를 해결하기 위한 여러 대안들 중 하나가 모듈러 건축이다.

권2. 건축 생산방식의 진화, 모듈러 건축

모듈러 건축 관련 동향

4

모듈러 건축 기술 동향

모듈러 건축 관련 기술 동향은 ①설계 및 BIM 기술, ②구조 및 접합 시스템, ③공장생산 및 품질관리, ④운송 및 시공, ④성능 요소별 기술로 구분해서 설명할 수 있다. 이와 같은 기술 동향은 지금까지 발주기관(LH공사, SH공사 등), 학계 및 연구기관(대학, 대한건설정책연구원, 포항산업과학연구원, 한국건설기술연구원 등), 업계(설계사, 소재·제작사, 시공사 등)에서 검토 및 수행하고 있는 내용들이기도 하다. 그리고 여기에 앞으로의 기술발전 전망에 대한 부분이 더해져 설명될 필요가 있다.

첫째, 모듈러 관련 설계 및 BIM 기술 동향이다. 설계는 모듈러 건축 사업의 출발점이기도 하며, 제작·시공에 대한 가이드라인 역할을 한다. 우리나라에서 모듈러 건축이 시작된 2003년의 신기초등학교 증축공사부터 2019년까지 시공된 모듈러 건축 건수는 84건 정도로 알려져 있다. 아직은 미약한 사례이지만, 산업에서의 기대는 매우 크기 때문에 모듈러 건축의 설계 기술을 이해하고 발전시키는 것은 중요한 과제이다. 설계 기술의 가이드라인이 되는 기술적 요소들의 동향은 다음과 같이 요약된다.

우선 국내 모듈러 건축의 설계 기술 및 가이드라인은 공동주택을 대상으로 선도해 가고 있다. 여기에는 주로 아파트와 연립주택, 다세대·다가구주택, 기숙사 등이 포함된다. 설계의 가장 기초적인 부분은 MC^{Modular Coordination} 설계를 통해 단위 모듈의 폭과 길이 등 치수를 표준화하여 정합성을 확보하고, 관련 부·자재의 활용성과 호환성을 높여주는 데 있다. 아울러 높이 계획도 MC 설계를 반영해야 한다. 다양한 수치의 모듈 제작이 가능하지만 운송 차량의 폭과 길이, 이동 경로의 통과 높이를 고려하는 것이 중요하다. 표준화된 소규모 단위 모듈로 퍼즐을 짜맞추듯이 조립하여 건축물을 구현할 수 있다면, 생산성과 효율성 측면에서 더 유리하다.

다음으로 모듈 간 결합이 고려되어야 한다. 평면적으로 결합되는 모듈의 크기, 기둥과 보의 위치, 그리고 힘의 작용 등 구조적 안전성과 성능을 고려하게 된다. 수직적 입면 결합도 평면 결합과 마찬가지로 쌓아 올리는 기둥과 모서리의 위치 등을 고려해 구조적인 측면과 모듈 간 결합의 용이성을 동시에 고려하게 된다. 모듈의 평면과 입면 결합을 계획할 때 조합된 모듈 내부의 공간계획을 함께 수립한다. 기본적으로 편복도형인지 중복도형인지의 모듈 배치를 정하고, 단위 세대를 구성하는 공간의 형태와 용도를 정한다. 소규모의 원룸형은 단일 모듈을 활용하는 것이 유리할 수 있으나 규모의 제약이 크다. 반면 여러 개의 모듈을 조합할 경우 접합 부위로 인한 제약이 발생해 각각의 장단점을 고려할 필요가 있다.

건축적 요소 외에 구조적 요소에 대한 설계의 중요성도 높다. 공장에서 제작한 모듈의 현장 설치를 위해서는 기초 또는 하부의 필로티 구조물을 통해 하중을 지반에 안정적으로 전달할 수 있도록 고정해야 한다. 저층의 소형 건축물은 일반적으로 독립기초나 줄기초를 활용하지만 4층 이상의 공동주택 또는 도심지에서 주차장이 협소한 경우는 1층을 필로티 구조의 주차장으로 활용하고 그 위에 모듈을 적층하는 사례가 많다. 중고층 공동주택에서는 코어를 RC로 계획하는 경우도 있다. 이 경우 콘크리트로 현장에서 타설하는 RC 코어는 수직 방향의 시공오차가 발생할 수 있어 이 오차를 고려한 코어와 모듈의 접합을 고려해야 한다. 연결 철물을 사용하여 용접이나 볼트로 접합하게 되는데, 시공오차뿐 아니라 힘의 전달과 지지 그리고 저항에 대한 설계가 수행되어야 한다.

상기의 건축적·구조적 요소 외에도 주거성능에 관한 요소들이 설계에서 중요하게 고려된다. 우선 화재에 견디는 내화성능을 확보하기 위해 내화자재를 사용하게 된다. 관련 법령에 따라 4층까지는 내화 1시간, 5층부터 12층까지는 내화 2시간, 13층 이상은 내화 3시간이 요구되고 있는데, 이러한 내화성능을 충족하기 위해 사용되는 내화자재 등에 따른 공사비 상승 요인도 중요한 변수가 되고 있다.

모듈러 건축물은 대부분 건식벽체를 사용하게 되는데, 벽체의 층수·높이·위치 등에 따라 달라지는 내화성능과 차음성능을 확보하는 것이 중요하다. 관련 법령에 따라 전문기관인 한국건설기술연구원이 인정하는 자재와 공법을 활용해서 설계를 진행해야 한다. 특히 세대 간 벽체와 세대 내부 벽체 등 부위별 차별성도 고려하고, 비용과 유지관리 용이성까지 함께 고려해 설계할 필요가 있다. 벽체와 함께 연결되는 모듈의 바닥 시스템은 층간소음 측면에서 매우 민감한 부위이다. 주거시설의 경우 철근콘크리트로 지은 최신 아파트에 준하는 바닥충격음 차단성능을 확보해야 하는데, 비용이나 기술적으로 간단치 않다. 우리나라는 층간소음 문제가 큰 이슈가 되고 있기 때문에 모듈러 주택이라 할지라도 바닥은 완전 건식을 사용하지 않고 반건식 또는 습식을 고려할 수 있다.

　많은 모듈러 유닛의 조합으로 접합부가 생기는 특성상 기밀성능을 유지하는 것과 열교차단을 고려하는 것도 중요한 설계 지침이 된다. 패널 등의 많은 부·자재가 건식으로 접합되고 배관, 관통부, 창호 주변 등 틈새가 콘크리트로 일체화된 구조방식보다 많아 이를 막아주는 적절한 기밀자재 사용이 필요하다. 또한 열교현상에 대한 대비도 설계상으로 강화되어야 한다. 열교차단을 위한 외단열 시스템을 적극적으로 채택하고 접합부 설계 시 열교저감 부분을 충분히 검토하여야 한다.

　설비 시스템도 기존 구조방식과는 달라야 한다. 공간 효율화와 유지보수 용이성을 위해 PS Pipe Space를 공용부의 작업이 쉬운 위치로 잡아야 하며, 일반적인 건축물보다 노출배관(전기)·층상배관(설비) 사용이 빈번하게 나타나는 특성도 존재한다. 그러면서도 모듈러 주택은 특별한 쾌적성과 디자인 측면의 우수성을 동시에 지녀야 한다. 이러한 이유로 입면 디자인에서 다양한 모듈의 조합이 보여주는 패턴을 고려한 독특한 설계를 추구한다.

　BIM을 통해 모듈러 설계를 보다 체계적이고 효율적으로 할 수 있다. 모듈러 주택은 많은 유닛 모듈의 접합을 기반으로 설계되어서 다양한 시뮬레이션이 필요하며, 작은 공간을 최대한 효과적으로 활용해야 하기 때문에 컴퓨터의 도움을 받게 된다. BIM 설계는 모듈러 건축의 필수과정이기도 하다. 모듈러 설계는 3D 설계로 진행해야만 간섭확인 등 최적 설계가 가능하다. BIM을 활용한 3D 설계에 자재 정보 등을 모두 담아 사전 시뮬레이션을 하고, 이를 공장제작 전 과정에 적용하게 된다. 이러한 일련의 과정을 가상 모형Virtual Mock-Up으로 활용하기도 한다. 이후 3D 프린터를 이용해 모듈러 모형을 제작하고, 테스트를 진행하게 된다. 또한 공장생산과 현장설치의 전 과정을 3D 스캐너를 활용해 정밀하게 오차를 관리하는 등 모듈러 건축은 스마트시공의 많은 핵심기술이 적용되고 있으며, 그 기술을 발선시키는 좋은 사례로 활용된다.

둘째, 모듈러 관련 구조 및 접합 시스템 기술 동향이다. 구조 분야 전문가가 아니더라도 스틸 모듈러의 구조 시스템에 대한 이해는 모듈러 건축 전반을 이해하는 데 많은 도움을 줄 수 있다. 모듈러 구조 시스템은 크게 프레임식과 내력벽식으로 구분을 할 수 있고, 별도의 구조 프레임 내부에 끼워서 설치하는 비구조 모듈도 존재한다. 프레임식 모듈은 일반적으로 많이 활용되는 구조 형식이다. 기둥과 보의 프레임으로 구성되며, 여러 개의 모듈이 합쳐져 대공간을 형성할 수 있는데, 기둥과 보의 접합부 성능이 매우 중요하다. 프레임식 모듈의 횡력에 대한 저항을 높여주기 위해 가새Brace와 강판Steel Panel 등을 추가로 사용하기도 하며, 다른 구조체와 결합한 하이브리드 구조를 사용하기도 한다. 반면 내력벽식 모듈은 벽체를 구성하는 스터드 등이 구조부재로 사용되는 형식이며, 주로 유럽에서 많이 활용하고 있다. 스터드는 아연도금 C형강 내지는 각형강관을 이용하고, 횡력 저항을 보강하기 위해 가새·강판 등을 추가로 활용하는 것은 프레임식과 유사하다. 프레임식과 내력벽식의 기본 개념은 비슷해 보이지만, 접합 시스템과 세부적인 부분에서 여러 가지 차이를 보인다. 최근 모듈러건축의 고층화를 위해 RC조로 만든 코어와 고성능 가새를 접목한 하이브리드 모듈러 구조 시스템을 많이 개발하고 있다. 하이브리드 구조를 통한 효율적인 횡력 저항 시스템의 도입은 모듈러 건축의 공장생산 비율을 높이고 구조 물량을 절감하는 데 효과적이라는 평가를 받고 있다.

모듈러 건축의 접합 시스템은 모듈 간의 접합과 모듈 내부 부재 간의 접합으로 구분된다. 세부적으로는 모듈과 모듈의 수직접합이나 수평접합이 다양한 부위(외측, 내측, 최상층)에서 일어나고 내부 기둥과 보의 접합은 단변과 장변 바닥, 천장, 모서리에서 일어난다. 기둥과 보 등의 직접적인 접합이 이루어지기도 하지만, 그 중간에 접합 철물이 사용되기도 한다.

이러한 모듈러 구조 시스템은 일반적으로 구조설계기준(KDS 14 00 00)을 따른다. 설계하중은 건축구조기준 설계하중(KDS 41 10 15)을, 요소별 강도는 건축물 강구조설계기준(KDS 41 31 00)을 따르고 있다. 다만 비교적 취약하다고 평가받는 바닥진동에 대한 별도의 구조설계기준이 아직은 명확하게 제시되어 있지 않다.

셋째, 모듈러 관련 공장생산 및 품질관리 기술 동향이다. 모듈러 공장생산의 가장 큰 장점은 생산성 향상에 따른 공기단축과 안정적인 품질 확보이다. 모듈러 건축은 크게 공장제작과 현장설치로 구분되는데, 공장제작은 제작도 작성 → 가공 작업 → 조립·용접 → 골조 조립 → 패널 조립 → 내·외장재 조립으로 진행되고, 현장설치는 현장 반입 → 모듈 접합 → 접합부 마감으로 진행된다. 이러한 절차로 진행되는 모듈러 건축은 기존 현장생산 방식에 비해 기초부 공사와 공장생산의 동시 작업이 가능하고,

자동화 공정을 도입하기 때문에 현장시공 방식보다 20~50% 수준까지의 공기단축이 이뤄질 수 있다. 이와 같은 공기단축 비율은 공장생산을 최대화하고 현장시공을 최소화할수록 더욱 높아질 수 있다. 요즘과 같이 강수, 강풍, 폭염 및 미세먼지 등 기후변화가 심해질수록 통제된 환경에서 생산하는 모듈러 방식은 공기와 품질 양 측면에서의 장점을 기대할 수 있다.

자재 수급 측면에서도 모듈러의 장점이 존재한다. 건축물을 미리 제작하는 공장이라는 하나의 플랫폼을 두고 여기에 자재의 조달이 집중되고, 대상 부지로의 반출도 계획된 일정대로 순조롭게 진행된다. 현장시공보다는 간단하게 자재 수급이 이루어지기 때문에 자재 선주문과 제조업에서의 재고관리 기법 등이 활용되는 데 유리한 조건이다.

모듈러 건축은 생산방식에 따라 고정Static 생산방식과 연속Linear 생산방식으로 구분한다. 가장 큰 차이는 모듈이 움직이느냐 작업자가 움직이느냐의 차이이다. 고정 방식은 소규모 생산, 다양한 유형의 생산, 대형 모듈의 생산에 더욱 적합한 특성이 있다. 연속 방식은 레일 또는 컨베이어 벨트를 활용하며 자동차 생산 공정과 유사한 방식을 갖기 때문에 소형 모듈의 대량 생산에 유리하지만, 생산라인을 구축하기 위한 설비 투자가 비교적 많이 든다. 또한 생산방식 구분은 습식 공정 포함 여부, 용접 접합 유무에 따라서도 달라진다. 모듈러 방식이지만 습식 공정이 포함되는 경우는 경량콘크리트 바닥판 제작, 철골 내화 도장, 바닥 난방 타설 등이다. 용접 접합은 작업자의 숙련도에 많은 영향을 받는다. 이러한 부분들이 건식 패널의 활용과 볼트 접합 등으로 변해 가기도 한다. 최근 논의되고 있는 모듈러 건축의 생산성과 품질을 종합적으로 고려하기 위한 중점 고려사항으로는 ①적절한 구조 부재 간 접합방식 설계, ②공장 조립 부재 개수의 최소화, ③부재의 허용오차 설정, ④건식벽체 시스템 적용, ⑤습식 공정 및 자재 낭비 최소화, ⑥공장생산 작업동선 간섭 등 병목현상 최소화, ⑦생산라인의 균형Line Balancing, ⑧공장 레이아웃 계획 수립 등이 있다.

넷째, 모듈러 관련 운송 및 시공기술 동향이다. 모듈러 건축의 큰 제약요인 중 하나는 운송과 설치가 어려운 도로와 부지가 상당히 많이 존재한다는 것이다. 또한 운송 거리가 멀 경우 그 비용으로 인하여 경제성이 떨어지게 된다. 운송에 대한 기술적인 고려도 중요하다. 운반 장비를 선정할 때 도로·교통에 관한 법적 기준, 날씨의 영향, 도로 상태에 따른 차량 진동 등 도로주행 환경을 종합적으로 고려해야 한다. 운반 트레일러 제원에 대한 고려와 함께 레버 블록 등 고정 방법과 포장재를 준비해야 하고, 주행 경로 계획도 수립해야 한다. 최근 AR·VR 기술을 활용해 모의 수행과 관련된 시뮬레이션을 수행하기도 한다. 운반 전후에 해야 하는 모듈러 유닛의 상하차도 중요한 계획 요소 중 하나이다. 실무에서는 운반 장비 점검과 운송에 필요한 체크리스트를 활용하는 경우가 많다. 모듈러 건축이 보다 활성화된다면 체계화된 물류센터와 물류시스템을 활용하게 될 것이다.

모듈러 건축은 공장생산의 장점을 주로 활용하는 공법이지만, 그 장점을 잘 살리기 위해서는 완성도 높은 현장시공이 매우 중요하다. 일반적인 현장시공 프로세스는 현장 기초 공사 → 앵

커 설치 → 코어 시공 → 모듈러 유닛 현장 반입 → 최하층 유닛 설치 → 적층 및 기준층 유닛 설치 → 최상층 유닛 및 지붕 설치 → 외부 마감 및 접합부(조인트) 시공 → 내부 마감 및 완공의 순서로 진행된다.

위의 현장시공 프로세스에서 중요한 것은 기초를 모듈러 공법에 적합하게 안정적으로 타설하는 것, 기초 타설 시 앵커볼트의 정확한 매립과 설치, 현장 상황 등에 적합한 양중 장비의 선택, 안정적이고 효율적으로 양중을 한 후 수평·수직 검측과 함께 가(임시)조립·본(고정)조립을 하는 것, 양중 시 하중 분산을 위해 적절한 연결철물을 활용하는 것, 모듈러 유닛의 불규칙적 거동에 따른 유닛 파손에 대비하는 것, 중량물의 이동과 설치에 따른 작업자 안전대책 수립, 정확한 위치의 볼트 체결 및 용접 접합과 정밀시공 확인, 재시공이나 하자가 없도록 외부와 내부를 마감하는 것 등이다. 특히 프로젝트 관리자는 현장에서의 시공오차 관리방안 수립, 현장 특수성을 고려한 공정관리 계획 수립, 접합 부위의 녹막이칠 확인 등 현장 품질 확인에 각별히 유의하여야 한다.

다섯째, 모듈러 관련 성능 요소별 기술 동향이다. 기술적으로 구체적인 내용들을 다루어야 하기 때문에 여기에서는 핵심 위주로 살펴보고자 한다. 모듈러 건축의 주요 성능 분야는 단열과 기밀, 결로 방지, 차음, 내화, 바닥진동 차단으로 요약할 수 있다. 단열 성능은 벽체·지붕·바닥 및 창문 등 건축물 외피의 표면적 1㎡에 해당하는 부위를 사이에 두고 온도 차가 1℃일 때 1시간 동안 전달되는 열에너지인 열관류율로 평가한다. 열관류율이 작을 수록 단열 성능이 좋은 것을 의미한다. 모듈러 건축의 단열 성능도 일반 건축물과 마찬가지로 「건축물의 에너지절약 설계기준」을 따르고 있다. 모듈러 건축에서 단열 성능은 주로 철재 프레임의 실내외 측에 설치되는 유기질 또는 무기질의 단열재에 의해 좌우된다.

기밀 성능은 건축물 외피가 공기 유출입에 저항하는 정도를 뜻하는데, 보통 실내와 압력 차를 50Pa로 유지하기 위해 실내에 불어 넣거나 빼주어야 하는 기류량 등에 의해 측정한다. ISO 9972를 준용해 평가하는 것이 일반적이며, 모듈러 건축에서는 공업화 주택 성능과 생산기준도 따르게 된다. 기밀 성능은 실내의 쾌적한 환경 조성과 에너지 절약을 위해 중요하게 고려된다.

결로 방지 성능은 구조체의 온도와 습한 공기에 의한 노점온도를 비교하여 평가한다. ISO 15099 및 KS F 2295를 주로 활용하고, 실내외 온도 차를 비율로 계산하거나 3차원 모델링을 통해 시뮬레이션하기도 한다. 구조체 표면에 발생하는 '표면 결로'는 곰팡이와 실내 공기오염 등 쾌적성과 건강상의 문제를 유발하고, 구소재 내부에 발생히는 '내부 결로'는 부재의 내구성·성능 저하 문제를 유발하게 된다.

차음 성능은 모듈러 건축의 바닥 충격음과 밀접하게 관련된다. 바닥 충격음은 건축물의 바닥에 가해진 충격이 구조체를 통해 공기 중으로 전달되는 소음인데, 가벼운 물체 낙하 시 혹은 가구를 끌 때 발생하는 경량 충격음과 무거운 물체 낙하 시 또는 실내에서 뛸 때 발뒤꿈치에서 발생하는 중량 충격음으로 구분된다. 층간소음 문제가 지속적으로 심각해지면서 정부는 2022년

하반기부터 30세대 이상 공동주택(사업계획 승인 대상)에 한해 공동주택 바닥 충격음 차단 성능 사후 확인제도를 도입해 사용검사 전에 샘플 세대에 대한 성능 확인을 하겠다는 정책을 발표 하였다. 바닥 충격음은 KS F 2810 및 KS F 2863, 벽체 차음 성능은 KS F 2809 및 KS F 2862를 활용한다. 모듈러 공동주택의 경우 각 층간 바닥 구조에서 경량 충격음은 58dB 이하, 중량 충격음은 50dB 이하가 되어야 한다. 또 벽체 차음 성능은 세대 간 경계벽 구조 기준을 정하거나 이에 대한 전문기관의 성능 인정을 받는 방식을 주로 활용한다.

내화 성능은 모듈러 건축에서 매우 민감한 성능 요인이다. 「건축물의 피난, 방화 구조 등의 기준에 관한 규칙」에 따라 주요한 구조부를 구성하는 보와 기둥은 13층 이상은 3시간, 5~12층은 2시간, 3~4층은 1시간의 내화 성능을 확보해야 한다. 그런데 우리나라에서 일반적으로 쓰이는 강구조 기반 모듈러 건축물이 이와 같은 내화 성능을 확보하는 것은 공장생산 과정의 생산성 저하 문제와 경제성에 크게 영향을 미친다. 이를 해결하기 위한 대안으로 ①내화 도료 적용, ②방화 석고보드 적용, ③내화 뿜칠 적용, ④성능 기반 내화설계 적용 등 다양한 기술개발과 생산성·경제성을 높이기 위한 시도를 하는 중이다.

마지막으로 바닥진동 차단 성능은 콘크리트와 같이 중량의 바닥판에 비해 경량의 모듈러 바닥판에서 다소 불리할 수밖에 없는 분야여서 그 중요성이 높다. 국내 강구조설계기준에는 특별한 제한 조건이 없어 보통 ISO 2631-2와 미국 강구조협회AISC, 영국 강구조협회SCI, 일본 건축학회AIJ 기준 등을 활용한 실험과 평가를 한다. 바닥진동은 소음뿐 아니라 거주자의 쾌적성에 큰 영향을 미치며, 모듈러 건축이 취약할 수밖에 없는 부분이므로 지속해서 기술 극복을 위해 노력해야 할 성능 분야이다.

지금까지 살펴본 단열과 기밀, 결로 방지, 차음, 내화, 바닥진동 차단 성능을 모듈러 건축이 어디까지 구현 또는 극복해야 하는지, 생산성·경제성과의 상관관계를 어떤 방법으로 해결해야 하는지, 현장시공 중심의 콘크리트구조와 공장생산 중심의 모듈러 건축이 갖는 장단점을 서로 트레이드오프Trade Off할 수 있는 합리적인 대안은 없는지에 대해 전문가들은 계속해서 고민해야 한다.

모듈러 건축 시장 동향

우리나라 모듈러 건축은 짧은 공기와 이동 가능성에 기반을 두고 발전해 왔다. 영국 SCI 기술 도입으로 포스코가 2003년 추진하였던 신기초등학교 증축 공사가 최초의 프로젝트였으며, 이후 학교와 군 시설을 중심으로 확산되었다. 한국건설기술연구원이 진단한 결과에 따르면(2020. 5), 우리나라의 대표적인 모듈러 제작사(금강공업, 스타코, 유창이앤씨, 포스코A&C)가 2019년까지 수행한 모듈러 건축 실적은 모두 84건으로 집계되었다. 이들 건축물을 발주기관별로 보면 교육기관이 전체의 16.7%, 국방부 등 정부와 지자체가 38.1%, LH 등 공사·공단이 14.3%, 민간기업이 21.4%, 기타가 9.6%를 차지한다. 학교와 군 시설에서 시작해 최근 공동주택까지 그 용도는 매우 다양해졌지만, 같은 기간의 건축 연면적 기준으로 볼 때 모듈러 건축은 우리나라 전체 건축 연면적의 0.02%에 불과하다. 아직은 매우 미미한 시장에 불과하다고 볼 수 있다.

84건의 모듈러 건축 실적을 층수로 구분하면, 4층 이하가 전체의 92%를 차지하는 등 아직은 저층 중심의 시장을 형성하였다. 그러나 최근 12층과 13층 건축물이 동시에 모듈러로 진행되는 등 중고층화 현상이 우리나라에서도 시작되었다. 중국은 이미 57층까지 실적이 있으나 모듈러의 형태라기보다 패널라이징에 더 가깝고, 완전 모듈러 건축 방식의 최고층은 미국 뉴욕에 2017년 준공된 '461 딘Dean' 프로젝트이다. 유럽에서는 영국에서 2017년 준공된 28층의 '에이펙스 하우스Apex House'라는 기숙사가 최고층의 모듈러 건축물이다. 지금까지 우리나라에서 고층 모듈러 건축이 활성화되지 못한 것은 여러 가지 기술적 요인들이 있으나, 3시간 내화 성능 확보의 문제와 경제성 문제가 큰 영향을 미쳤다.

우리나라 모듈러 건축 84건 실적에서 공사기간은 건물 전체가 건식 공법을 사용한 경우 대부분 4개월 이내였다. 그러나 하부 구조와 코어를 철근콘크리트로 시공하는 공법을 병행한 경우에는 공사기간이 평균 1.7배 증가하는 것으로 나타났다. 하부 구조와 코어를 RC가 아닌 PC로 시공하는 경우 공사기간 증가를 최소화할 수 있을 것이다. 이처럼 RC와 PC 공법을 병행하는 것은 최근 전 세계적으로 모듈러 건축 시장이 고층화되어 가면서 나타나는 기술적인 현상이라 할 수 있다.

위와 같이 우리나라의 개략적인 모듈러 건축 시장 형성과 발전 과정을 과거형으로 짚어볼 수 있겠으나, 앞으로의 시장 발전

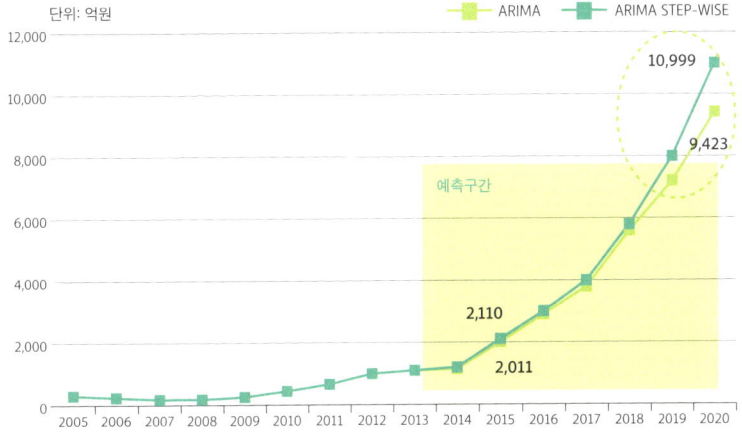

ARIMA 모형에 의한 모듈러 건축 시장 예측[15]

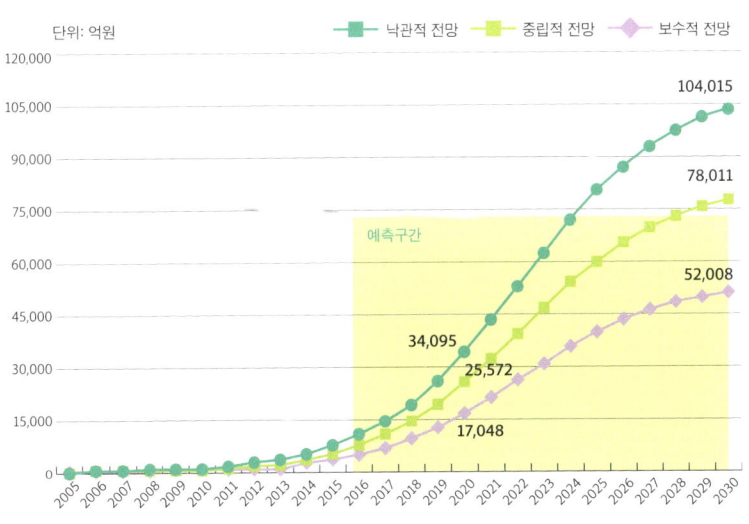

Bass 모형에 의한 모듈러 건축 시장 예측[16]

에 대한 전망과 예측은 쉽지 않은 것이 현실이다. 모듈러 건축 시장이 수치적으로 집계되지 못하고 있고, 아직도 우리나라는 초기 단계의 시장에 불과해 유의미한 통계적 예측을 하는 것은 어렵다. 그럼에도 불구하고 대한건설정책연구원과 아주대학교 등이 과거에 관련 전망을 내놓은 바 있다.

2011년 12월 대한건설정책연구원은 아주대학교와 공동으로 수행한 연구 결과를 토대로 '전문건설업 발전을 위한 공업화 건축 활성화 방안' 보고서를 통해 모듈러 건축 중장기 시장 전망을 제시하였다. 2003년부터의 모듈러 전체 시장을 조사하고, 건설경기(건설투자, 건설수주, 전문건설업 시장 등) 중장기 전망을 수행하였으며, 여기에 영국을 선행시장으로서 벤치마킹한 후 앞으로의 시장 흐름을 3가지 시나리오(보수적, 중립적, 낙관적)로 설정하여 계량경제모형으로 분석하였다. 분석모형은 가장 일반적으로 단변량 시계열 자료를 확률적 과정에 의해 분석하는 자기회귀누적이동평균ARIMA 모형과 새로운 상품과 서비스의 채택(판매)이 퍼지는 속도를 이론화한 바스Bass 모형을 활용하였다. Bass 모형은 2020년 모듈러 건축 시장을 최소 1조 7,000억 원에서 최대 3조 4,000억 원 규모로 예측하였고, ARIMA 모형은 2020년 9,400억~1조 1,000억 원 규모로 시장을 예측하였다. 물론 이와 같은 예측은 정책 환경의 변화와 기업 전략의 변화가 반영되지 않은 단순한 수치적 분석에 불과하다. 하지만 모듈러 건축 시장이 큰 변수가 작용하지 않는 한 성장률 측면에서는 높은 수치를 보일 것이라는 관측은 큰 의미가 있었다.

이후 2015년 아주대학교(조봉호 교수)는 우리나라 모듈러 건축 시장과 비교가 되는 미국·영국·일본의 해외시장 규모를 추정한 바 있다. 미국 시장은 크게 영구건물Permanent Building과 이동식Portable 시장으로 구분되며 완전 모듈러 건축만을 볼 때 약 5조 5,000억 원의 시장을 형성하고 있었다. 영국은 강건재 기반의 Permanent Building과 Portable 시장이 약 1조 3,400억 원을 형성하였고, 여기에 목조·PC 모듈러 시장까지 포함할 경우 약 4조 2,000억 원 시장으로 추산되었다. 일본은 단독주택 중심의 시장이고 순수 모듈러 건축 시장이 약 6조 5,000억 원 정도로 파악되었는데, 세키스이·도요타·미사와 등 일부 대기업을 중심으로 시장이 확장되고 있었다. 이때의 추정만 보더라도 모듈러 건축이 2015년 이전까지는 전 세계적으로 아직 큰 확산을 이루지 못한 상황이었다.

모듈러와 연관된 PC 시장에 대한 일부 분석도 있었다. 2020년 출범한 OSC 연구단의 주관기관을 맡은 이화여자대학교(이준성 교수)는 사전 기획연구를 통해 2000년대 이후 OSC가 신기술·신소재·공법개선 등을 통해 꾸준히 발전해 왔고 최근 PC를 중심으로 아파트 지하 주차장 등에 많은 물량이 적용되고 있다고 진단하였다. 국내에 10개 내외의 PC 공장에서 연간 약 50만㎡의 부재가 생산되어 건축물의 기둥·보·벽체·바닥판·외벽·지하주차장을 비롯해 물류센터·창고·반도체공장 등 PC 사용 범위가 계속 확대되고 있다. 2016년 기준 국내 건축용 PC 시장 규모는 4,800억 원 수준이었지만 연간 성장률이 매년 10%를 웃도는 등 성장기 단계에 들어섰다는 예측이었다.

이후 지금까지 약 5년간 모듈러 건축 관련 시장은 실제 빠르게 변화하고 성장하는 모습을 보여 왔다. 2003년 태동한 국내 모듈러 건축 시장이 태동기와 준비기를 거쳐 본격 성장기에 들어선 상황이라 할 수 있다. 하지만 안타깝게도 많은 변화를 보여 왔던 최근 연도 중심의 모듈러 건축 시장 분석과 전망은 부재한 실정이다. 구체적인 시장 분석과 전망은 기업들의 기술개발·생산설비 투자를 위해 꼭 필요한 정보이다. 개별 기업이 수행하기에는 역부족인 측면이 많아 산업 차원에서 전체적인 시장을 분석하고 중장기적인 전망을 제시해 줄 필요가 있다. 과거 모듈러 건축 시장을 분석하였던 대한건설정책연구원과 아주대학교가 공동으로 향후 10년간의 시장 분석과 전망을 보다 업그레이드된 형태로 재차 준비하고 있어 결과를 곧 볼 수 있을 것으로 기대를 모은다.

관련 제도 및 정책 흐름

건설산업은 대표적인 규제산업이기 때문에 관련 제도 및 정책의 현황과 변화의 흐름에 대한 고찰도 매우 중요하다. 먼저 얘기하자면, 현재 시장과 산업의 모듈러에 관한 관심은 뜨겁지만 제도 체계는 매우 미흡하고 취약하다. 우리나라 대부분의 건설 관련 법령은 신축 중심의 현장시공에 기반을 둔 법령이고, 모듈러 건축과 관련해서는 1992년 1기 신도시를 건설하며 도입한 PC 주택의 법령상 명칭인 '공업화 주택'에 관한 제도가 전부이다. 따라서 앞으로 개선되어야 할 법령을 포함해 관련 제도를 포괄적으로 이해할 필요가 있다. 이러한 차원에서 우리나라의 모듈러 건축에 관한 제도를 ①공업화 주택 관련 제도, ②발주제도, ③업종·업역 관련 제도로 구분해서 확대된 개념으로 설명하고자 한다.

먼저 공업화 주택 관련 제도이다. 주택법 제51조(공업화 주택의 인정 등) 등에 근거해 법에서는 "국토교통부 장관이 주요 구조부의 전부 또는 일부, 세대별 주거 공간의 전부 또는 일부(거실·화장실·욕조 등 일부로서의 기능이 가능한 단위 공간)를 국토교통부령으로 정하는 성능기준 및 생산기준에 따라 맞춤식 등 공업화 공법으로 건설하는 것을 인정한 주택"으로 설명하고 있다. 여기에서 언급한 관련 성능기준 및 생산기준은 하위 행정규칙인 주택건설기준 등에 관한 규칙에서 설명된다. 구조안전, 내화·방화, 환기·기밀, 열환경, 내구 및 음환경 성능에 대해 단독주택과 공동주택으로 구분하여 제시하고 있고, 공업화 주택의 생산기준은 콘크리트 조립식 부재, 경량기포 콘크리트 조립식 부재와 그 밖의 조립식 부재로 구분해 생산설비와 품질관리 시설에 관하여 상세히 나타내고 있다.

본래 법에 정의된 공업화 주택을 건설하기 위해서는 건설산업기본법 제9조(건설업 등록 등)에 따라 대통령령으로 정하는 업종별로 국토교통부 장관에게 등록해야 한다. 다만 공업화 주택 또는 건설기술진흥법 제14조에 따라 국토교통부 장관이 고시한 새로운 건설기술을 적용해 공업화 주택을 지으려는 자에 대해서는 예외로 하여 해당 주택을 건설하도록 정하고 있다. 또한 주택건설기준 등에 관한 규정 제61조의 2(공업화 주택의 인정 등)에서 건설산업기본법 제40조(건설기술자의 배치)에 따라 건설사업자는 건설공사 시공관리와 그 밖에 기술상 관리를 위하여 건설공사 현장에 건설기술자를 1명 이상 배치하도록 규정하고 있다.

이러한 시공 관련 제도뿐 아니라 공업화 주택의 설계·감리와 관련된 제도도 존재한다. 주택법 제53조(공업화 주택의 건설 촉진)는 국토교통부령으로 정하는 기술능력을 갖추고 있는 자가 공업화 주택을 건설하는 경우 제33조(주택의 설계 및 시공)·제43조(주택의 감리자 지정 등)·제44조(감리자의 업무 등) 및 건축사법 제4조(설계 또는 공사감리 등)를 적용치 않으며, 주택건설기준 등에 관한 규칙에서는 건축사법에 의한 건축사 1인 이상과 국가기술자격법에 의한 건축구조기술사 또는 시공기술사 1인 이상을 보유하도록 규정하고 있다. 이러한 세부적 공업화 주택 관련 규정들에도 불구하고, 최근 다양한 기술·공법으로 구현되고 있는 모듈러 건축의 현실을 뒷받침할 만한 제도는 매우 미흡한 실정이다.

구분	관련 법령	주요 관련 내용
공업화 주택 관련 제도	주택법 제51조	공업화 주택의 인정 등
	주택법 제53조	공업화 주택의 건설 촉진
	주택건설기준 등에 관한 규정	공업화 주택 인정 및 인정취소 등
	주택건설기준 등에 관한 규칙	공업화 주택의 성능 및 생산기준 등
	건설기술진흥법 제14조	신기술의 지정·활용 등
	주택법 제33조	주택 설계 및 시공
	주택법 제43조	주택 감리자 지정 등
	건축사법 제4조	설계 또는 공사감리 등

구분	관련 법령	주요 관련 내용
발주 제도	국가계약법 시행령 제2장	추정가격 및 예정가격
	국가계약법 시행령 제14조	공사의 입찰
	국가계약법 시행령 제16조	물품의 제조·구매 및 용역 등의 입찰
	국가계약법 시행령 제6장	대형공사계약
	국가계약법 시행령 제8장	기술제안입찰 등에 의한 계약
	조달청 지침	기술제안입찰 등에 의한 낙찰자결정 세부기준
업종 업역 관련 제도	건설산업기본법 제2조	정의
	건설산업기본법 제9조	건설업의 등록 등
	건설산업기본법 시행령 제7조	건설업의 업종·업무내용 및 [별표1]
	건설산업기본법 시행령 제13조	건설업의 등록기준 및 [별표2]
	건설산업기본법 제40조	건설기술자의 배치
	기타	「건설산업 혁신방안」(생산구조 개편)

모듈러 건축 관련 현행 제도의 포괄적 구성 체계

다음은 발주제도 관련 내용이다. 국내 발주제도는 국가계약법과 지방계약법에 규정되어 있고, 두 법령이 대부분 동일한 제도를 운영하고 있으며, 국가계약법이 관련 제도의 제·개정을 선도하기 때문에 모듈러 건축에 관한 발주제도의 이해는 국가계약법을 중심으로 이루어질 필요가 있다. 국가계약법이 규정하는 계약은 대표적으로 공사계약, 물품계약, 용역계약으로 구분된다. 공사계약이 포함된 국내의 대표적 발주(입찰)제도는 설계·시공 분리입찰과 일괄입찰 그리고 기술제안입찰 등으로 요약될 수 있으며, 이와 같은 발주제도 중에서 그동안의 모듈러 건축은 주로 기타공사(설계·시공 분리입찰), 턴키공사(일괄입찰), 기본설계 기술제안입찰 형태로 공사발주가 이루어져 왔다.

　반면 모듈러 건축에 관한 해외의 발주제도는 국내보다 다양한 편이다. 외국(미국·영국 등)에서는 시공책임형 건설사업관리 CM at Risk 등의 다양한 발주방식이 활용되기도 한다. 또한 싱가포르 건설부BCA는 PPVCPrefabricated Prefinished Volumetric Construction 공법을 규정하여 건축물혁신위원회Building Innovation Panel가 PPVC 제작업체를 인증하는 제도PPVC MAS를 운영하는 등 모듈러 건축 발주를 위한 특화된 별도 제도를 시행하고 있다. 반면 국내에서는 공사계약과 물품계약(구매)의 혼합방식으로 주로 활용되는 모듈러 건축 발주방식이 매우 제한적이며, 모듈러에 관한 공법·시공 등 전반적인 제도 체계가 미비하다는 한계가 지적된다.

　이러한 모듈러 건축 관련 발주제도의 문제점으로는 5가지가 꼽힌다. 모듈러 건축이 공사, 물품, 용역이 혼재된 혼합계약임에도 불구하고 발주자는 발주의 용이성 때문에 물품구매를 선호하는 경향이 있다. 이에 건설기업들은 기존 업역 존중을 위해 공사로 발주를 요구하고 있어 제조업 특성이 공사에 반영되기 어렵고, 마찬가지로 공사의 특성도 제조업에 반영되기 어렵다는 문제점이 있다. 이와 같은 제도적인 한계로 인해 나타나는 국내 발주 사례의 문제점은 ①적정공사비 확보의 어려움, ②빈번한 설계변경 발생, ③품질 저하, ④하자담보 책임기간 상이, ⑤시공실적관리의 어려움 등이다.

　마지막은 업종·업역 관련 제도이다. 국내 건설산업의 기본 범위는 건설산업기본법 제2조(정의)에서 정의하고 있으며, 크게 건설업과 건설용역업으로 구분하고 있다. 이와 같은 건설업은 종합적인 계획·관리 및 조정을 하면서 시설물을 시공할 수 있는 종합건설업과 시설물 일부 또는 전문 분야에 관한 건설공사를 수행하는 전문건설업으로 구분된다. 세부적으로는 시행령 제7조(건설업의 업종 및 업무내용 등) 및 별표1에서 종합건설업 5개 업종과 전문건설업 29개 업종으로 구분해 왔다. 또한 건설산업기본법 시행령 제13조(건설업의 등록기준)에서 건설업의 업종별 업무 내용과 각 업종이 수행할 수 있는 건설공사의 예시를 기술하고 있다.

이러한 건설업을 영위하기 위해서는 건설산업기본법 제9조(건설업 등록 등)에 따라 등록을 해야 한다. 등록기준은 업종에 따라 시행령 제13조(건설업의 등록기준) 및 별표2에서 건설업 업종의 등록기준으로 건설기술자(인수), 자본금(법인, 개인), 시설·장비에 대해 규정을 하고 있다.

이 같은 건설업의 업종·업역 제도 체계에서 모듈러 관련 내용은 아직 구체적으로 반영되어 있지 않다. 이에 종합건설업과 전문건설업의 영역이 불분명하고, 관련 업체와 기술이 육성되지 못한다는 문제점이 지적되고 있다. 다만 건설산업기본법 시행령에 근거한 기존 건설업의 업종 중 전문건설업에 해당하는 '건축물조립공사' 내용이 모듈러 건축 분야와 가장 일치하고 있는 것으로 나타난다. 법령상 건축물조립공사는 '공장에서 제조된 패널과 부품 등으로 건축물의 내벽·외벽·바닥 등을 조립하는 공사'로서 '샌드위치패널·ALC패널·PC패널·세라믹패널·알루미늄복합패널·사이딩패널·클린복합패널·시멘트보드패널·악세스바닥패널 등의 공사'가 여기에 해당해 모듈러 건축과 상당한 연관성을 갖는다.

　이와 같은 업종·업역 제도에 최근 큰 변화가 진행되고 있다. 정부는「건설산업 혁신방안」의 하나로 건설산업기본법에서 정하고 있는 건설업의 업종을 대업종화하여 통합하는 방안을 건설생산구조 개편의 일환으로 추진 중이다. 2022년부터 현행 29개 전문건설업 업종이 14개로 통합되며, 중장기로는 4개의 업종(기반조성공사, 내·외장공사, 구조물공사, 특수공사 등)으로 통합하는 방안까지 검토되고 있다. 현장의 실질시공을 담당하는 전문건설업의 통합은 시스템화 시공을 추구하는 모듈러 건축에 긍정적 요인이 될 수 있다. 바닥·벽체·지붕 등의 건축물을 구성하는 업종 통합으로 공장제작에 의해 일체화된 유닛 모듈러 방식의 시공이 더 확대될 수 있기 때문이다.

　이처럼 현행 제도 구성 체계를 비롯한 전반적인 제도 형성 과정의 흐름을 파악하는 것도 의미가 있지만, 현행 제도가 매우 미미하다는 점을 고려하면 앞으로의 변화 방향을 짚어보는 것이 더욱 중요하다. 특히 건설산업의 생산구조와 환경 변화를 고려해 모듈러 건축이 가야 할 올바른 방향을 제도·정책 개선 측면에서 진단해 볼 필요가 있다. 이에 그 방향 설정을 위해 모듈러 건축에 관한 건설업계의 인식을 비롯해 모듈러 건축의 장점과 단점을 살펴보고자 한다.

권2. 건축 생산방식의 진화, 모듈러 건축

모듈러 건축의
장점과 단점

모듈러 건축에 관한 인식

건설업에 종사하지 않는 일반 시민들은 모듈러 건축이 마치 레고처럼 퍼즐을 맞추듯이 집을 자동화된 방식으로 짓고, 비교적 자유롭게 집을 이동시키거나 재배치할 수 있다는 측면에서 재미있는 기술이자 미래형 기술이라고 생각한다. 그렇다면 건설업에 종사하며 실제 현장에서 시공을 담당하는 기술자는 이를 어떻게 생각할까? 대한건설정책연구원이 모듈러 건축에 관한 인식 관련 보고서를 작성하며 10년 단위로 두 차례(2011. 12, 2020. 2) 조사하였는데, 여기에 그 결과를 요약·정리한다.

먼저 2011년의 202개 전문건설업체를 대상으로 조사한 결과이다. 모듈러 건축 활성화가 정말 필요한가에 대해 43%는 필요하다고 하였고, 잘 모르겠다는 응답이 47%였다. 필요하다는 것에 대부분 동의하지만, 10년 전에는 모듈러 건축에 대해 건설업계 종사자도 정확히 이해하고 있지 못하였다. 모듈러 건축이 왜 활성화될 것인지에 대해서는 ①노무인력 수급의 어려움 및 인건비 상승 때문에(28%), ②건식공법 또는 조립식 복합부재의 지속적인 기술개발이 이루어지고 있어서(25%), ③건설현장 시공여건이 환경친화적 공법을 요구해서(18%), ④공기단축 필요성이 높아져서(17%) 등으로 인식하고 있었다. 기술적 요인보다는 인력 수급이라는 관리적 요인을 더 중요하게 생각한 것이다.

모듈러 건축은 어떤 공사에 주로 많이 쓰일지에는 공장(21%), 저층형 주택(17%), 오피스·사무용빌딩(16%), 고층형 주택(15%) 등의 순으로 응답하였다. 요즘과 같은 모듈러 건축물로 인식하였다기보다 패널화 시공을 모듈러로 생각하고 있는 것으로 느껴진다. 건축물의 구체적인 부위로는 벽체 → 경량철골구조 → 지붕 → 바닥이라는 응답이 나왔다. 그리고 어떤 업종이 주로 모듈러에 관계되었는가에 대해서는 PC 기반의 철근콘크리트나 목재보다 철강·금속 중심의 업종에서 활성화될 것이라는 응답이 주류를 이뤄 스틸 모듈러를 전형적인 형태로 인식하는 듯하였다.

그렇다면 모듈러 건축 활성화를 위한 선결조건은 무엇인가? 제도의 정비(생산 및 성능기준, 시방서, 발주제도)가 필요하다는 응답이 절대적으로 많았고, 생산업체 육성·지원이 필요하다는 의견과 적정공사비 확보가 필요하다는 의견이 뒤따랐다. 마지막으로 모듈러 건축 활성화는 어떤 정책 분야와 함께 추진되어야 하는지에 대해서는 신기술 등 건설 R&D(25%), 생산성 향상(25%), 생산구조 개편(19%), 친환경(17%), 중소기업 육성(12%) 순으로 밀접하다는 인식을 보였다.

10년 전 인식조사 결과를 요약하면 '모듈러 건축은 인력을 대체하기 위한 스틸 소재의 패널화 시공 중심으로 공장과 저층형 주택 등에 주로 활용될 것'이라는 판단이 일반적이었다. 아울러 모듈러 건축 활성화를 위해서는 우선 제도 정비가 필요하고, 중장기적으로는 기술개발·생산성 향상 정책을 통해 육성해야 한다는 것이 전반적인 인식이었다.

이와 비교되는 최근 인식은 2020년 100개 건축물조립공사업체를 대상으로 조사한 결과이다. 10년 전 인식과 비교되는 것 중 하나는 모듈러를 포함한 건축물조립공사 활성화 분야로 리모델링 공사를 꼽았다는 것이다. 이미 많은 건축물이 들어섰고, 전국

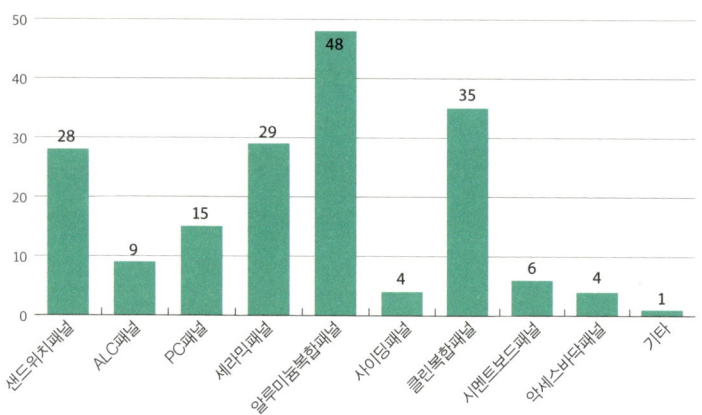

시장 확대가 예상되는 모듈러 건축 요소기술[17]

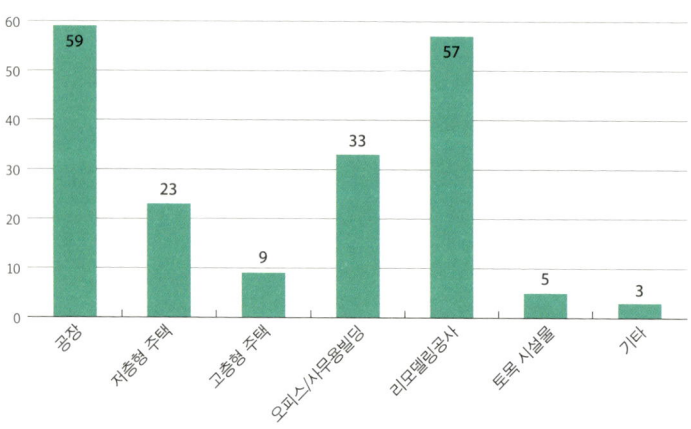

모듈러 적용 활성화가 예상되는 공사 유형[18]

적으로 낡은 건축물이 많아짐에 따른 변화라 할 수 있다. 요소기술 또는 단위공사별로는 종전의 샌드위치패널에 비해 복합패널과 신소재를 활용한 고급 패널 시장의 활성화를 예측하였다. 협력해야 할 연관 제조업계는 철강·금속, 건자재, PC 업계 순으로 나타났다. 중장기 발전을 위해 필요한 조치는 10년 전과 마찬가지로 제도 정비가 1순위였고, 신기술 등 기술개발이 2순위를 차지하였다. 기타 의견으로는 모듈러 건축을 통한 인력수급 문제 해결, 관련 기술인력 육성, 설계·디자인 분야와의 협력 등을 꼽았다. 10년 전의 인식과 큰 차이를 보이지는 않는다. 이는 모듈러 건축이 여전히 소수 제작사를 중심으로 진행되고, 일부 설계사와 시공사가 최근 관심을 갖고 시장 참여를 추진하고 있지만 모듈러 제작을 위한 설비투자와 생산에 직접 가담하지 않는 등의 이유 때문으로 분석된다. 그럼에도 불구하고 모듈러에 관한 인식과 관심이 매우 높아진 것은 사실이다.

모듈러 건축의 장점과 효과

모듈러 건축은 어떤 장점과 효과가 있을까? 건설업체의 인식조사 결과를 바탕으로 정리해 보면 우선 가장 큰 장점으로는 대량생산과 인건비 절감에 따른 전체 공사비 절감을 꼽을 수 있다. 다만 대량생산에 의해 규모의 경제를 실현해야만 한다는 전제가 있다. 결국 모듈러 건축의 성능이 아무리 좋다고 하더라도 기존 공법 대비 경제적 시공을 실현하지 못할 경우 확산이 어렵다는 이야기이기도 하다.

그다음은 공기 단축이다. 공기 단축은 모두가 동감하는 장점

> **모듈러 건축의 주요 장점(효과)**
>
> ① 대량생산 및 인건비 절감 등에 따른 전체 공사비 절감
> ② 조립식 공법에 의한 공기단축
> ③ 규격화 된 공장생산에 따른 품질 확보
> ④ 사용 중 평면 변경, 구조 변경 및 유지보수의 용이성
> ⑤ 온실가스 감축, 폐기물 저감 등 친환경적 시공

이지만, 실제로 공기 단축에 의해 공사비가 얼마나 절감되는지 파악하기 위해서는 보다 구체적인 분석과 검증이 요구된다. 획기적인 공기 단축이 꼭 필요한 분야가 어디이고, 공기 단축의 효과가 경제성 등의 사업성과에 어떤 영향을 미치는지를 보다 정량화하여 제시해야 한다.

모듈러 건축의 또 다른 장점 중 하나는 규격화된 공장생산에 따른 균일한 품질 확보이다. 현장시공보다 기후와 작업자의 숙련도에 따른 영향을 덜 받는다. 이렇게 확보되는 품질이 건축물의 성능과 수명에 어떤 긍정적 영향을 미치는지도 좀 더 구체적으로 제시되어야 할 것이다.

이 밖에도 모듈러 건축은 건축물의 사용 중에 평면이나 구조부의 변경을 쉽게 하고, 부품 교체 등의 유지관리에도 용이하다는 장점이 있다. 온실가스 감축과 폐기물 저감 등 친환경적 시공에 적합하다는 것도 주요 장점이다.

모듈러 건축의 단점과 우려

여러 가지 장점에도 불구하고 모듈러 건축은 극복해야 할 단점이 뚜렷하고, 모듈러 건축을 바라보는 산업과 시장의 우려도 존재한다. 건설의 주된 역할을 맡는 것은 관련법에서 정하고 있는

> **모듈러 건축의 주요 단점(우려)**
>
> ① 시공자의 산업적 역할 축소 우려로 인한 반대
> ② 하자 발생 시 자재 생산자와 시공자 간의 책임 논란
> ③ 소비자/사용자의 만족도 저하(거주성능, 디자인 등)
> ④ 시공자의 역할 축소로 인한 공사이윤 감소
> ⑤ 현장 중심의 건설기능인력 육성체계 부실화

건설업체(건설사업자)들이다. 여기에는 원도급자(종합건설사업자)도 있고 하도급자(전문건설사업자)도 있다. 이들 건설업체는 지금까지 현장시공 위주로 수많은 건축물을 지어왔다. 모듈러는 현장시공 대신 공장생산을 통한 사전제작이 많은 비중을 차지하므로 시공자보다 제작사·소재사 등 제조업의 역할이 더 커지게 된다. 따라서 모듈러 건축이 급속히 확산된다면 시공자의 산업적인 역할이 크게 축소될 것이라는 우려가 많다.

우리나라에 현재 활동 중인 건설업체는 8만 개 정도이다. 이들 건설업체가 불안정한 현장시공 부분을 줄이고, 미래의 장점을 살릴 수 있도록 모듈러와 같은 공장생산으로 기존 생산방식을 전환해 나가도록 유도해야 한다. 즉 건설업의 영역이 제조업으로 바뀌는 것이 아니라 건설업에 제조업 개념을 도입해 변화해 가는 것으로 방향을 설정해야 한다.

모듈러로 지은 건축물에 하자가 발생한다면 누구의 책임일까? 하자에 따라 제조 또는 운송에 따른 하자인지, 현장의 설치 및 조립에 따른 하자인지의 구분이 명확하지 않은 경우가 발생할 수 있다. 더욱이 준공 후 일정 기간 사용한 후에는 하자의 책임을 가리기가 더욱 어렵다. 하자 발생 시에 자재 생산자, 모듈러 제작사, 시공자 간의 책임 논란이 나타날 수 있다는 것도 대표적인 단

점이다.

　소비자나 사용자가 모듈러 건축물에 만족할 수 있을지도 의문이다. 우리나라 아파트는 전 세계의 주택 성능 중 최고 수준에 달한다. 이러한 아파트의 매우 두꺼운 콘크리트 구조물이 만들어 내던 주거성능에 익숙해져 있는 소비자가 경량의 철골 구조로 이루어진 모듈러 건축 성능에 만족하기는 쉽지 않다. 모듈러 건축의 모든 성능을 아파트 수준까지 올리는 데는 기술적 한계도 일부 있지만, 높은 비용이 들 수 있다는 문제점이 있다.

　디자인 역시 규격화된 공장생산의 한계로 인해 자유롭고 예술적인 디자인을 만들어 내기에는 어려움이 많다. 큰 형태의 모듈러 유닛을 쌓는 방식으로는 컨테이너 박스의 형상을 벗어나기 어려울 수 있으므로 작은 유닛을 다양하게 조립하는 방식을 개발해야 하고, 디자인 업계와의 많은 창의적 협력이 필요하다.

　모듈러 건축 확산에 따른 또 다른 우려는 수많은 건설기업의 지나친 가격경쟁으로 안 그래도 적정공사비 확보가 어려운 건설업계의 이윤이 더욱 감소할 것이라는 점이다. 공장제작이 많아질수록 현장시공이 줄어들고, 제조업의 역할이 커질수록 시공자의 역할이 축소되어 매출 감소 등에 따라 공사이윤이 줄어든다는 것인데, 이는 기존의 시공자가 모듈러 분야에 진출하지 않는다는 가정에 따른 우려이다. 생산방식의 변화는 기존 시장 참여자인 시공자의 기업활동 변화를 가져올 수밖에 없다. 따라서 모듈러가 주된 시공방식 중 하나로 자리를 잡는다면 기존의 시공자도 당연히 모듈러 건축 시장에 적극적으로 참여할 수 있도록 기술의 변화가 필요하다.

산업 전체 측면에서는 모듈러 건축 확산이 현장 기능인력 육성체계의 부실화를 초래하는 데 영향을 미칠 수 있다는 우려도 존재한다. 현재 건설현장의 가장 큰 문제점 중 하나는 기능인력이 부족하고, 기능인력의 숙련도가 낮아진다는 것이다. 이로 인해 모듈러 건축이 활성화되어야 한다는 것이지만, 오히려 이런 분위기가 현재의 기능인력 육성을 더 부실하게 만들 것이라는 우려도 동시에 나타나고 있다. 우리나라보다 모듈러가 먼저 발달한 나라들도 전체 건설산업에서 모듈러가 차지하는 비중은 아직 매우 미미한 수준이기 때문에 기존 현장 중심의 생산방식을 유지하고 발전시키기 위한 노력은 앞으로도 계속되어야 할 것이다.

권2. 건축 생산방식의 진화, 모듈러 건축

모듈러 건축이
나아가야 할 길

생산방식 진화를 준비 중인 대한민국 건설산업

모듈러 건축은 현재로서는 여러 가지의 장단점이 혼재해 있다. 효과도 크게 기대되지만, 산업과 시장의 우려도 많이 존재한다. 그럼에도 모듈러가 결국 앞으로 가야 할 방향이라는 것에는 대부분 공감하고 있고 별다른 이견이 없다. 따라서 모듈러를 준비하는 우리의 대책은 단기적 측면과 중장기적 측면을 모두 고려해야 한다. 정부도 이러한 준비를 위해 많은 노력을 기울이고 있으나, 아직은 부족한 측면이 있고 이제 시작 단계에 불과한 상황이다.

모듈러를 준비하는 정부의 노력은 3가지 측면에서 더욱 강화되어야 한다. 먼저 R&D와 기술개발에 더 많은 정책적 노력을 기울여야 한다. 모듈러 건축 관련 R&D 사업으로 최근 2개의 연구단이 진행되었고, PC 중심의 공동주택 OSC(탈현장시공)를 위한 연구단이 2020년부터 진행되고 있다. 지금까지의 연구단 중심 기술개발은 모듈러 관련 요소기술을 개발해서 저층의 실증사업을 추진하는 것과 13층 수준의 중고층 공동주택으로 기술을 확장하는 것, 그리고 PC 부재를 조립해서 아파트의 주요 구조부를 형성하는 것에 그치고 있다. 시작 단계로서는 매우 의미 있는 연구단들이 진행되었고, 지금도 진행 중이다. 그러나 이와 같은 노력만으로는 수십 년간 익숙하게 해오던 현장시공의 산업 생태계를 모듈러 중심으로 바꿔 가는 데 많은 한계가 있을 수밖에 없다. 보다 크고 혁신적인 방향으로 R&D 사업을 기획해서 정부가 앞으로의 기술개발 방향을 잡아줄 필요가 있다.

현재까지는 주택을 중심으로 실증과 시범사업이 진행되고 있으나 오피스, 상가, 의료시설, 소규모 공공시설, 주민 복지시설 등 건축물 유형별로 확장할 필요가 있다. 소재 측면에서도 경량 철골뿐만 아니라 PC와 목재가 모두 함께 연구되어야 한다. 완전한 모듈러 방식에 대한 기술개발도 계속되어야 하지만, 기술 저변확대를 위해서는 패널화 시공을 비롯해 공정에 따라 부분적으로 모듈러를 채택하는 방식이 필요하다. 사업의 참여 주체별로 보자면, 지금까지는 제작사·소재사와 일부 시공사 및 공공 발주기관을 중심으로 기술개발이 진행되었으나, 앞으로는 설계사를 더 많이 참여시켜 디자인 측면의 기술개발을 강화하고 실질적으로 현장시공을 담당하는 전문건설사를 적극적으로 참여시켜야 한다.

외형적으로는 저층에서 시작해 중고층으로 모듈러 건축이 확대되고 있으나, 꼭 고층만이 가야 할 길은 아니다. 수평적으로 장스팬(대공간) 평면을 구현할 필요도 있고, 지하공간에 모듈러를 활용하는 방식도 적극적으로 고려되어야 한다. 이 밖에도 기술적으로 준비해야 할 과제들이 많다. 공동주택 중심의 제한된 연구단으로는 해결되기 어렵다. 모듈러가 앞으로 가야 할 장기적 방향이 맞는다면 이제 우리도 보다 통합적이고 큰 규모의 장기적인 사업단이나 지속가능성이 부여된 연구센터를 준비해야 한다.

다음은 생산구조 개편 측면에서의 준비사항이다. 최근 우리 정부는 대대적인 건설산업 생산구조 개편을 추진하고 있다. 가장 대표적인 변화는 종합·전문 간의 업역을 터서 상호경쟁을 촉진하겠다는 것과 시설물유지관리업을 폐지하고 나머지 28개 전문건설업종을 우선 14개로 통합한 후 더 대단위로 통합해 가겠다는 것이다. 생산구조 개편의 방향이 옳고 그른지를 떠나 건설업의 제조업화와 같이 실제 생산방식이 변해 가고 있는 모습을 담지 못하였다는 것은 아쉬운 부분이다. 모듈러 건축은 공장제작의 과정을 거쳐 다양한 공종과 생산요소의 통합을 기반으로 이루어진다. 따라서 세분화된 업종의 통합은 모듈러 건축의 발전에 긍정적이다. 지금은 업종의 명칭만 통합하였지만, 앞으로는 내용의 변화를 유도해야 한다. 법에서 정하고 있는 업종별 업무내용에 모듈러 OSC 처럼 공장생산 또는 사전제작을 거치는 방식을 폭넓게 다뤄줘야 한다. 이러한 건설업의 제조업화 방향성을 고려해 업종·업역체계의 실질적인 변화와 추가적인 통합에 대한 논의가 이뤄져야 할 것이다.

마지막은 입·낙찰제도의 변화와 발주방식의 진화 측면이다. 과거보다 모듈러 건축 발주가 빈번하게 나타나고 있지만, 발주 때마다 적합한 발주방식이 없어 발주자와 시공자 모두에게 큰 고민을 주곤 한다. 발주방식Project Delivery System은 "성공적인 프로젝트 완성을 위하여 설계 및 시공 프로세스를 대상으로 기획단계에 결정되어야 할 자금조달방식, 사업수행방식, 경쟁방식, 입찰방식, 낙찰자 결정방식, 공사비 지불방식 등을 모두 포함한 종합적 Pre-Contract Practice"라는 의미로 정의된다. 따라서 발주방식을 정하는 것은 프로젝트의 성공을 위한 기획단계에서 가장 중요한 일이다.

우리나라의 입·낙찰제도상에서 규정하고 있는 발주방식은 매우 단순하다. 모듈러 건축에 활용 가능한 것은 주로 기본설계 기술제안입찰 또는 설계·시공일괄입찰(턴키)이며, 공사금액 등

제도적 한계로 인해 설계·시공분리입찰이 활용되기도 한다. 이들 발주방식을 활용할 경우 모듈러 건축에서는 설계자와 제작사, 그리고 시공자가 사업 초기단계부터 협업하기 어렵다. 이는 제작사가 갖고 있는 모듈러 생산설비와 설계를 맞추기 어렵고, 설계·제작·시공이 모두 따로 움직이게 될 수 있다는 것을 뜻한다. 결국 중장기적으로 모듈러 발전을 저해하게 된다. 게다가 산업 영역이 달라서 현재 개별법에 따라 분리발주가 되는 전기·정보통신·소방과 같은 영역들도 모듈러 건축에서는 사업 초기부터 제작·시공 전 과정이 통합적이고 유기적으로 수행될 필요가 있다.

이를 해결하는 방법으로 여러 가지가 거론된다. 먼저 모듈러 건축을 위해 별도의 특별법을 제정하는 것이다. 현재의 법과 제도는 대부분 현장시공에 의한 신축공사를 대상으로 만들어져 있다. 이 제도를 일부 개정해서 활용하기에는 모듈러 건축의 상황과 너무 달라 아예 특별법을 만들어서 별도로 운영하자는 것인데, 아직 초기단계에 불과한 모듈러 건축 시장을 위해 특별법을 만들어 운영한다는 것은 쉽지 않을 수 있다. 그렇지만 어느 정도 시장이 형성되는 시점이 되었을 때는 별도의 법령이 꼭 필요할 것이다. 다소 이르기는 하지만 먼저 특별법을 만들어서 모듈러 관련 산업의 방향을 잘 이끌어주는 것도 하나의 방법이 될 수 있다.

다음은 국가계약법 등의 정부계약제도에 통합발주Integrated Project Delivery 방식을 도입하는 것이다. 이를 통해 프로젝트 초기단계부터 설계자·제작사·하도급자를 포함해 타 법령에서 정하고 있는 전기·정보통신·소방 분야까지 통합적으로 참여할 수 있도록 해 주어야만 모듈러의 제작·운송·설치의 모든 과정이 조화롭게 진행될 수 있다.

또 다른 대안은 현재의 설계·시공일괄계약을 확장해서 운용하는 것이다. 확장형 일괄계약은 설계·시공을 함께 컨소시엄으로 구성해 입찰을 진행하는 것에서 더 나아가 모듈러 제작사까지 포함하도록 범위를 확장해 주는 것인데, 적어도 제작사가 가지고 있는 생산능력과 범위를 고려해서 설계와 시공 전략을 수립할 수 있다는 장점이 있다.

마지막은 기술제안입찰을 활용하는 것이다. 기술제안입찰은 기본설계 기술제안입찰과 실시설계 기술제안입찰로 구분된다. 여기에 모듈러 건축을 위한 '사전제작 기술제안입찰'과 같은 한 가지의 유형을 더 만들어주는 방법이 고려될 수 있다. 공장에서 이루어지는 사전제작은 기본설계나 실시설계의 과업 범위를 훨씬 넘어서고 있으며, 운송과 현장설치 측면에서도 특화된 기술제안이 필요하기 때문이다.

모듈러 건축 활성화를 위한 전략과 과제

앞에서 언급하였듯이 대한민국 건설산업은 생산방식의 진화를 준비 중이다. 혁신적인 R&D와 기술개발을 진행하고 있으며, 건설산업 생산구조도 일부 개편하였다. 발주방식의 진화를 위한 다양한 준비도 검토하고 있다. 이러한 환경 변화 속에서 모듈러 건축이 소외되지 않고 활성화되기 위해서는 어떤 전략과 추진과제가 필요할까? 아래와 같이 모두 12개의 과제로 제시해 볼 수 있다.

① 개편되는 14개 전문건설업종별 업무내용(건설산업기본법 시행령 별표)에 프리패브, OSC, 모듈러 관련 내용을 포함
② 모듈러 발주가 제한적 물품구매 방식이 아닌 건설공사(시공 영역)로 발주되도록 하는 과도기적인 발주 근거를 마련
③ 프리패브, OSC, 모듈러에 특화되거나 적합한 제반 기술기준(설계기준, 시방서, 성능규정 등) 조기(선행적) 구축
④ 공공 부문의 10년 단위 발주물량 확보와 발주계획을 제시하여 기업들의 지속적인 생산설비 투자와 기술개발 유도
⑤ 추후 규모의 경제가 실현되어 모듈러 생산의 경제성 확보가 가능할 때까지 합리적 모듈러 공사비 산정기준을 별도로 마련하여 운영
⑥ 모듈러 세부 시장에 대한 파악과 시장 전망이 가능하도록 관련 통계 구축 및 주기적 시장 분석과 진단 보고서 발간
⑦ 국내 시장뿐 아니라 아시아 등의 모듈러 수출기지 구축과 해외 수주 확대를 지원하는 특화된 모듈러 수출정책 수립
⑧ 모듈러 건축의 적용 분야 확대를 위한 고층화, 장스팬화 및 층고 절감 기술의 개발과 함께 디자인의 다양성 확보
⑨ 관련 중소기업형 R&D 확대 및 스타트업, 벤처기업 육성을 위한 지원정책 마련
⑩ 복합패널 등 패널화 시공을 중심으로 하는 모듈러 전 단계의 전문공사 시공 영역 확립을 위한 중장기 로드맵 마련
⑪ 직접시공 주체(전문건설업계)와 관련 제조업(철강·금속, PC, 건자재 등)의 산업 간 연계·협력 위원회 발족 및 공동의 협력사업 모델 발굴
⑫ 지역별·거점별 모듈러 공동생산(협동조합 방식 등) 스마트 팩토리 구축 전략 마련 및 정부주도 1호 시범사업 추진

이와 같은 전략과 과제는 크게 다음의 4가지 측면에서 의미가 부여된 것이다. 첫째, 선행하는 제도적 가이드라인이 필요하다는 것이다. 둘째, 시장에서의 지속가능성을 보여줄 수 있어야 한다는 것이다. 셋째, 현재의 국내 시장보다 청년들에 의한 미래 시장과 해외를 겨냥한 수출 전략이 수반되어야 한다는 것이다. 마지막으로 현장에서 실질시공을 담당하는 전문건설업계의 변화를 반드시 이끌어내야 한다는 것이다.

모듈러를 둘러싼 산업의 저변확대 노력

모듈러 건축을 위한 별도의 특화된 전략과 대책을 수립하는 것은 산업과 시장 현실을 고려할 때 쉽지 않을 수 있다. 자연스럽게 현재의 시장과 생산방식이 모듈러로 변화해 가는 것이 더 현실적인 접근일 수 있다. 그렇다면 우리는 모듈러를 둘러싼 건설산업의 저변확대를 위한 노력을 병행해야 한다. 그 노력은 건설산업 측면과 건설기술 측면으로 나뉜다. 특히 평가나 인증과 관련해서 모듈러 산업이 인정받을 수 있는 시스템을 정착시킬 필요가 있다. 도시 1~2인 가구를 위한 주택과 향후 수요 확대가 예상되는 리모델링 공사, 친환경건축물 등에서 모듈러의 활용을 높여야 한다.

분야	구분	주요 내용
건설산업 측면	① 건설업의 제조업화 추진	3D 산업의 한계를 극복하고 건설현장 환경을 개선시키기 위해 제조업과의 융·복합 등 건설생산구조 지속 개편
	② 기능인력 부족 개선대책 마련	숙련인력 부족 및 기능인력 고령화 대책으로서 자동화 및 시스템화를 추진하는 등 생산성을 높이는 정책 추진
	③ 건설 자재·장비 산업 육성	건설자재 고성능·친환경화 추세 및 높아지는 장비 의존도에 대응하고자 전반적인 자재·장비산업 육성
건설기술 측면	④ 신기술·신공법 활용 촉진	건설기술의 발전과 고부가가치화를 위해 신기술·신공법에 대한 정부의 공공구매 확대 및 세제지원 등 활용 촉진
	⑤ 품셈 및 시장가격 현실화	과도기적인 미래유망기술의 지속적 개발을 촉진하기 위해 적정한 가격이 보장되도록 품셈 및 표준시장단가 현실화
	⑥ 중소기업 육성 R&D 확대	건설 분야 중소기업의 해외진출 및 고용촉진, 스타트기업 육성 등을 위해 중소기업 맞춤형 R&D 지원 확대
평가·인증 관련	⑦ 입찰 시 인센티브 부여	자원(재료)축적, 폐기물저감·재활용, 인력감축 등 기술제안 및 실적에 대한 입찰 시 인센티브 기준 확대 추진
	⑧ 건축물 인증관련 제도 활성화	건축물 관련 인증제도(친환경, 주택성능 등)를 통합하고, 성능 기반으로 인증방식을 전환하는 등 시스템 정비
	⑨ 성능 및 생산기준 정비	성상 인증제도, 공업화 주택 인정제도 등 기존 모듈러 건축 관련 인증기준의 현실화 및 다양화를 위한 세부기준 정비
시장 확대 관련	⑩ 도시형주택 품질·기술 경쟁력 제고	인구의 고령화, 1~2인 가구의 급속 증가 등 사회변화에 대응하기 위한 도시형(소형) 주택에 관련 기술 도입
	⑪ 리모델링 시장 활성화	도시재정비, 노후공동주택 시설개선, 도심지 오피스 재실 리모델링 등 증가되는 리모델링 공사 활성화 지원
	⑫ 친환경건축물 등의 건립 지원	친환경 주택 보급 확대를 위한 금융혜택, 시범단지 조성, 분양가규제 완화 등 친환경건축물 건립 확산을 위한 지원

모듈러 산업 저변확대를 위해 노력해야 할 분야

모듈러 산업과 청년의 미래를 위한 도전

모듈러가 기존 건설산업을 새롭게 이끌어가는 선도적인 역할을 해주기를 바라지만, 무엇보다도 중요한 것은 지금의 학생과 청년들, 그리고 산업체에 몸담은 젊은 엔지니어들이 앞으로 어떤 역할을 해줄 것인가이다. 이들이 기존의 생산방식을 그대로 답습한다면 우리 건설산업의 미래는 그다지 밝지 않을 것이다. 다행히 모듈러는 젊은 층에게 상당히 매력적인 기술로 받아들여지고 있다. 각종 공모전이나 대학에서 학기 과제나 특별 프로젝트를 진행할 때마다 모듈러는 늘 인기가 많다. 분야를 선택할 때 인기가 많을 뿐 아니라 실제 문제를 풀어나가기 위한 아이디어를 개발할 때 젊은 층은 모듈러를 활용해 다양한 아이디어를 쏟아낸다. 집을 레고처럼 조립해서 짓는다는 점에서, 빠른 시간에 시공이 가능하다는 점에서, 건축물의 이동과 재배치까지 생각할 수 있다는 점에서 모듈러는 재미있고 혁신적인 기술이자 상품으로 인식되고 있다. 요즘 젊은 세대의 트렌드와 모듈러 건축의 기술적 성향이 맞아떨어지는 측면이 있는 것이다. 우리 건설산업은 이 점을 잘 살릴 필요가 있다. 앞으로 모듈러 산업을 이끌어갈 주역을 학생과 청년 그리고 젊은 엔지니어로 설정하고, 이들에 대한 지원과 기회가 늘어나는 방안을 고민해야 한다.

 모듈러는 기존의 건설기술을 발전시키는 것 이외에 타 산업의 여러 기술과 융합이 필요하다. 수주 중심의 산업에서 상품 중심의 산업으로 변화해 가기 위해 다양한 융합기술을 기반으로 주변의 부품산업을 발전시켜야 한다. 이는 완성도 높은 모듈러 건축물을 만드는 데 핵심적 역할을 하게 될 것이다. ICT를 비롯해 다양한 첨단 산업과의 융합을 만들어 가는 역할을 우리 청년들이

하게 될 것이며, 그 결과물로 모듈러 산업 생태계에 전문화된 공급 사슬을 형성할 것으로 기대한다. 이렇게 청년들에 의해 공급 사슬이 계속 확장되어 간다면 건설산업은 기존의 수주 산업이 아니라 거대한 플랫폼 산업으로 발전할 수 있게 된다.

    비록 최근에 목재 모듈러 건축 분야의 상징적인 유니콘 기업이었던 미국의 카테라Katerra가 파산으로 폐업하는 일이 벌어졌지만, 산업은 여전히 큰 기대감 속에 더디지만 꾸준히 발전해가고 있다. 다양한 소재와 부품, 디자인과 기술, 첨단과 전통, 그리고 수요와 공급의 이해관계자를 연결하는 '모듈러 플랫폼'을 우리의 기술로 가장 먼저, 가장 우수하게 만들어 전 세계의 이목을 끄는 건설산업의 상징으로 내세워야 한다. 그 플랫폼 안에서 많은 청년이 새로운 비즈니스 기회를 찾고 수출로 이어가는 좋은 성과들이 생겨날 수 있다. 건축 생산방식의 진화라는 측면에서, 그리고 청년들의 새로운 기회라는 측면에서 모듈러 건축을 바라볼 필요가 있다.

각주

1 출처: https://www.atelierworkshop.com/double-fab, Bonnifait + Green Architects

2 출처: https://www.mckinsey.com/~/media/mckinsey/business%20functions/operations/our%20insights/modular%20construction%20from%20projects%20to%20products%20new/modular-construction-from-projects-to-products-full-report-new.pdf, McKinsey & Company

3 출처: 현대엔지니어링, GH경기주택도시공사

4 출처: 현대엔지니어링, SH서울주택공사

5 출처: https://global.toyota/en/company/profile/other-toyota-businesses/housing/

6 출처: https://www.coupang.com/vp/products/1264335960?itemId=2266263801&vendorItemId=70263500521&q=%EB%AA%A8%EB%93%88%EB%9F%AC+%EC%A3%BC%ED%83%9D&itemsCount=36&searchId=a34d45b78d344e0897fe9a97fff51e98&rank=5&isAddedCart=, 쿠팡

7 출처: https://www.poscoanc.com/kr/portfolio/

8 출처: 전문건설업 실태조사 분석 보고서, 2020.12

9 출처: 전문건설업 실태조사 분석 보고서, 2020.12

10 출처: 국토교통부, 2017.12

11 출처: http://m.mediapen.com/news/view/81151

12 출처: https://www.metalconstruction.org/

13 출처: http://www.dongkuk.com/ko/pr/news_detail?seq_num=791, 동국제강

14 출처: https://online.fliphtml5.com/hohys/zpsw/#p=4, SY그룹

15 출처: 대한건설정책연구원, 2011.12

16 출처: 대한건설정책연구원, 2011.12

17 출처: 대한건설정책연구원, 2020.2

18 출처: 대한건설정책연구원, 2020.2

참고문헌

국토교통부, "제6차 건설기술진흥기본계획(2018~2022)", 국토교통부 기술안전정책관, 2017.12

김시연, 이미성, 유일한, 손정욱, "모듈러 공법 활성화를 위한 개선과제 중요도 및 기대효용 분석 연구", 한국건설관리학회 논문집 제22권 제4호, 2021.7

김진성, 이정훈 외, "도시 속 새로운 집 모듈러, 새로운 주택의 미래로 실현되다", SH서울주택도시공사 SH도시연구원, 2019.4

대한건축학회, "Off-Site Construction 기반 공동주택 생산시스템 혁신기술 개발 최종보고서", 국토교통연구기획사업, 2020.1

박금성, 백정훈 외, "똑똑하고 빠르게, 지속가능한 모듈러 건축", 한국건설기술연구원 모듈러 건축연구센터, 2020.5

유일한, 정대운, "전문공사 모듈러 생산방식 도입 및 활성화 연구", 대한건설정책연구원, 2020.2

유일한, 박선구, "전문건설업 발전을 위한 공업화 건축 활성화 방안", 대한건설정책연구원, 2011.12

유일한, 홍성호, 조재용, 정대운, "지붕판금·건축물조립공사업의 지속가능한 성장전략 및 발전방안", 대한건설정책연구원, 2019.4

조봉호, "프리팹 건축 시스템의 이해", 2019 프리패브 건축세미나 발표자료, 한국철강협회·서울특별시건축사회, 2019.10

조봉호, 유일한 외, "모듈러 건축 전문기술인력양성 교육 훈련 프로그램", 한국철강협회, 2020.9

한국철강협회 편, "모듈러 건축의 이해, 모듈러 건축의 설계, 제작 및 시공 가이드", 도서출판 구미서관, 2021.3

대한건설정책연구원 학술총서
제2권
건축 생산방식의 진화, 모듈러 건축

글쓴이
유일한

발행인
유병권

발행일
2021년 10월 31일

발행처
대한건설정책연구원
서울시 동작구 보라매로5길 15, 13층
(신대방동, 전문건설회관)
Tel : 02-3284-2600 / Fax : 02-3284-2620

편집제작
(주)사월오일

교정교열
양지선, 엄민용

디자인
김효진

ISBN
978-89-97748-95-2 03540

값
9,000원

Copyright(c) 2021 RICON. All Rights Reserved.
· 이 책은 저작권법에 의해 보호받는 책입니다.(저작권이 협의되지 않은 이미지는 추후 협의하겠습니다)
· 저자와의 협의 없는 무단전재 및 복제를 금지합니다.
· 잘못된 책은 구입한 곳에서 바꿔드립니다.